身边的**数学** 译丛

概率 解析

德 州 扑 克

[美] 弗雷德里克·派克·舍恩伯格 **著**
（Frederic Paik Schoenberg）

吴倩艳 **译**

机 械 工 业 出 版 社

在读者阅读之前，请务必要注意：虽然这本书是利用德州扑克来讲授概率论，但绝不是要宣扬大家利用学到的概率论去参与扑克比赛，而只是希望能充分利用学生对扑克天生的兴趣来激发他们对学习概率论这个重要课程的热情。全书共有8章，分别介绍了概率基础、计数问题、条件概率和独立事件、期望值和方差、离散型随机变量、连续型随机变量、随机变量的集合以及使用计算机进行模拟和近似。书中包含丰富的实例，既有基本的概率论知识，也添加了一些研究生课本上的经典问题，还特别讨论了将运气和技巧加以量化的内容。

本书可作为理工科院校学生概率论课程的教材或参考材料，也可作为数学爱好者的科普读物。

北京市版权局著作权合同登记　图字：01-2013-1807 号

图书在版编目（CIP）数据

概率解析德州扑克/（美）弗雷德里克·派克·舍恩伯格著；吴倩艳译. —北京：机械工业出版社，2016.12（2024.1 重印）
（身边的数学译丛）
书名原文：Introduction to Probability with Texas Hold'em Examples
ISBN 978-7-111-55392-2

Ⅰ. ①概… Ⅱ. ①弗…②吴… Ⅲ. ①概率论 Ⅳ. ①O211

中国版本图书馆 CIP 数据核字（2016）第 276434 号

机械工业出版社（北京市百万庄大街 22 号　邮政编码 100037）
策划编辑：汤　嘉　责任编辑：汤　嘉　王　芳
责任校对：樊钟英　封面设计：路恩中
责任印制：郜　敏
北京中科印刷有限公司印刷
2024 年 1 月第 1 版第 7 次印刷
169mm×239mm·11.25 印张·203 千字
标准书号：ISBN 978-7-111-55392-2
定价：38.00 元

凡购本书，如有缺页、倒页、脱页，由本社发行部调换

电话服务	网络服务
服务咨询热线：010-88361066	机工官网：www.cmpbook.com
读者购书热线：010-68326294	机工官博：weibo.com/cmp1952
010-88379203	金 书 网：www.golden-book.com
封面无防伪标均为盗版	教育服务网：www.cmpedu.com

译者的话

弗雷德里克·派克·舍恩伯格（Frederic Paik Schoenberg）的《概率解析德州扑克》的翻译工作终于顺利完成. 作为译者，我想对潜在的读者说一句话：这本书绝对值得一读.

在传统的概率论教材中，为了让学生对概率的相关概念、定理更加熟悉，例题中使用的道具往往都是球、盒子、骰子、硬币等，但这些都乏善可陈. 为了吸引学生的眼球，与传统教材不同的是，这本书全部的例题都是采用德州扑克这种很受欢迎的游戏，让学生更有兴趣去挖掘概率论中的奥秘，也使得老师的讲授更有成效. 从本书的目录中可以看出，这本书涵盖了一门标准概率论课程所需要讲授的主要内容，包括基本的概率术语、定理、模型等. 除了传统的概率原理，这本书还进一步讨论了更加前沿性的主题，如票选定理、反正弦定理、随机游走以及一些专门的扑克问题（例如，在德州扑克中运气和技巧的定量化研究）、计算机模拟等，使得学生学习的眼界更加开阔.

在读者阅读之前，请务必要注意：虽然这本书是利用扑克来讲授概率论，但是绝不是要宣扬大家利用学到的概率论去参与扑克比赛，作者在开篇之前就表明了自己的立场：

"编写这本书绝不是说我对赌博行为持赞同态度. 众所周知，扑克和其他赌博形式一样，危险而且容易上瘾. 人们有一大堆的理由来质疑赌博的道德合理性." "撰写这本书的意图并不是想要宣传赌博或是讲授玩扑克的技巧，相反的我只是希望能充分利用学生对扑克的兴趣来激发他们对学习概率论这个重要课程的热情."

作为译者，我特别将这本书作为教材推荐给本科以及本科以上的学生、从事概率论课程的同行学者等. 如果初涉概率论的读者乐于自学，本书对定理和方法的详细介绍也完全可以满足自学的要求. 对于从未学过概率论且从未涉足过德州扑克的自学者来说，则可以适当搭配其他的基本教材，然后结合本书来进行学习，一定能达到事半功倍的效果.

接下来，我简单介绍一下有关本书翻译的情况. 原著基本上由两大部分组成：概率论的基本知识和德州扑克的基本规则. 作为学过概率论的我，前者的翻译对我来说很简单，但是后者的翻译却着实有一些难度. 德州扑克中有很多基本术语、基本玩法. 译者在翻译之前，为了更好地贴近原著，需要了解这些扑克知识，由此这些知识的收集和整理工作也占据了很大部分的工作量. 本书原著还运用了很多长句，给翻译造成了一定的难度，尽管我已尽量使译文简单明了了，但读者可能在阅读过程中仍然会遇到一些晦涩难懂的地方，敬请读者见谅. 另外，有些概率论的概念始终是比较抽象的，请读者尽量结合本书给出的例题实际动手操作，这样的解题以及获取答案的形式将有助于理解全书的内容.

特别感谢程晓亮老师对译文进行了审校，此外还有很多人为本书的翻译工作贡献了力量，在此就不一一感谢了. 如果读者在阅读本书时发现任何错误，希望读者联系我们，以便我们将您发现的错误在重印时及时改正，提高本书的质量.

我的扑克牌技术很差. 首先,我要严正声明,本文的内容并不像你所想象的是讲述扑克技巧的. 如果你希望通过阅读本书的内容提高你的扑克牌技巧的话,那么你可能要失望了. 因为本书并不是教你怎么利用概率成为一名出色的德州扑克玩家. 相反,这是一本以德州扑克为案例来介绍概率论的教科书.

其次,我要在本书开篇之前就表明我的立场,编写这本书绝不是说我对赌博行为持赞同态度. 众所周知,扑克和其他赌博形式一样,危险而且容易上瘾. 人们有一大堆的理由来质疑赌博的道德合理性. 许多人,尤其是那些输不起的人(在扑克游戏中也往往是输得最多的人),他们的结局我们也可想而知. 近几年来,在线赌博突然流行起来了,在大学生群体中尤其受欢迎,这个现象引起了社会极大的关注. 我曾经在加利福尼亚大学洛杉矶分校(UCLA)教书,在讲授有关扑克和概率的课程时,我总是在第一节课就会给学生"打预防针",让学生了解到赌博的危害,要求学生必读的是有关赌博成瘾所带来危害的书籍.

撰写这本书的意图并不是想要宣传赌博或是讲授玩扑克的技巧,相反我只是希望能充分利用学生对扑克的兴趣来激发他们对学习概率论这个重要课程的热情. 在我第一次教概率论时,就对教材里的范例很不满意. 这些范例当然都是一些典型的例子,如抽屉里放袜子、盒子里放球等问题,但是大部分学生甚至不知道什么是盒子[⊖],更别提想要利用这个例子来激起学生学习概率

⊖ 原文是"瓮",译为中文用"盒子"符号,我国通用.

论的热情了. 所以我认为, 如果在概率论教科书中使用扑克的范例来教学的话, 也许会更有成效. 在以后的教学过程中, 我的想法得到了证实. 我非常欣喜地发现, 学生们更喜欢这些扑克的例子, 而且一些高难度课程的学习由于使用了扑克的案例, 学生们也更有兴趣挖掘其中的奥秘了. 事实上, 如果要进行本科或是更高阶段的概率论课程的学习的话, 我强烈推荐使用德州扑克 (现在最流行的扑克游戏) 作为案例来进行教学. 有些人曾经劝我换一些其他的扑克游戏来丰富课程, 但我坚持只使用德州扑克的案例. 其中原因有两个: 一个是, 相比于其他扑克游戏, 德州扑克的受欢迎程度和人们对它的认知度使得德州扑克更能引起学生们的兴趣. 第二个原因就显而易见了, 本书是要讲授一些概率原理, 而并不是要教大家学习各种扑克游戏的规则和玩法, 所以我并不认为需要使用更多的扑克游戏范例来讲授概率论这门课程.

这本书里的课题内容和大多数本科的概率论教材类似, 但是除了这些内容以外, 我还增加了一些特别的章节, 如对德州扑克中的运气和技巧加以量化的话题等. 研究生概率论课本上的经典问题也被我写入了这本书中, 如著名的票选问题以及反正弦定理等.

可以预想到, 编写这本书的我可能会成为众矢之的, 尤其会被我的那些同事所责怪. 因为对大多数人来说, 玩扑克牌是道德败坏的, 并且也是毫无实际价值的. 许多概率学家和统计学家认为给学生讲授概率论时需要使用更加严谨、科学的范例, 对此, 我并不赞同. 不可否认, 玩扑克游戏确实有着其固有的弊端, 但凡事都会有两面, 它也不例外. 德州扑克这种扑克游戏非常有趣且很受欢迎, 能够抓住学生的兴趣和注意力, 是一种技巧性很强的扑克游戏, 但也有一定的运气成分, 人们对它可以说是又爱又恨. 在日常生活中也有很多与德州扑克一样兼具技巧和运气的事物, 如就业、恋爱等. 虽说德州扑克有一定的运气成分, 但它在本质上还是一种智力型的游戏, 玩家之间主要还是要靠斗智力、比心理、动脑筋来获得胜利. 其实概率论原理中的很多重要理论都在一定程度上来源于赌博游戏, 如在很多学科中都得到广泛运用的贝叶斯理论和大数定理等.

作为一本概率论的教科书, 本书的特色之一就是全书只围绕德州扑克这一个范例展开, 而另一个特色就是这些范例都是真实发生过的, 大多数取材于世界扑克锦标赛 (World Series of Poker, 简称 WSOP) 和其他重要的扑克锦标赛以及电视播放过的比赛. 搜索并整理这些范例花费了我很多时间, 但我非常享受这个过程, 也为这些真实范例能提高学生的学习热情而感到欣喜. 本书中可能有些章节和主题并不契合, 读者朋友们可以跳过这些章节.

以前, 我在教书时, 除了布置课后作业和进行考试测评外, 我还要求学生完成两个计算机编程项目. 第一个项目要求学生编写一个 R 软件代码, 其中的输入变量包括玩家的手牌、押注、筹码的数量、玩家的数量以及盲注的多少, 而输出变量则是下注为 0 或是下注的筹码数量. 也就是说学生需要设计一个程序来决定是要弃牌还是要全押. 我不断地运用学生的这些计算机程序来参加一些扑克比赛以测试函数方程的成功率. 第二个项目则要求学生用计算机编写一个更加复杂的 R 函数方程, 输出结果不是只有全押或是弃牌这两种选择, 而是可以选择一个适中的下注数量. 一些学生非常喜欢这些项目并精心地写出了很多详细的函数方程, 并表示这是他们最喜欢的课程内容. 在比赛中使用的一些函数方程以及一些学生自己写的函数方程的范例都可以在 www. stat. ucla. edu/~frederic/35b/rfunctions 这个网站上找到, 本书的第 8 章也会详细描述这些函数方程.

在此, 我要感谢为本书作出贡献的所有人. 首先, 我要特别感谢我的妻子 Jean, 这一路都是她陪着我走过来的, 同时也是她带我走进了德州扑克的世界. 几年前她为我安排了去拉斯维加斯的生日旅行, 由此我了解了德州扑克. 我的父亲、母亲、伽马 (Gamma)、兰迪 (Randy)、玛琳娜 (Marlena)、梅勒妮 (Melanie) 也一直支持着我, 并陪我一起玩德州扑克来提高我对德州扑克的认识. Bella 则一直给予我灵感以及情感上的支持. 我的朋友克雷格·伯杰 (Craig Berger) 教会了我扑克战略的一些详细知识. 大卫·蒂兹 (David Diez)、基思·威尔逊 (Keith Wilson)、丹尼尔·劳伦斯 (Daniel Lawrence)、汤姆·弗格森 (Tom Ferguson)、阿努尔夫·冈萨雷斯 (Arnulfo Gonzalez)、雷扎·格里扎德 (Reza Gholizadeh)、约翰·费尔南德斯 (John Fernandez) 和我进行了很多次有关扑克的交流, 这些谈话对我来说非常具有启发性. 我也要感谢杰米·高德 (Jamie Gold), 他很友善而且十分幽默, 他接受了我的邀请, 为我的学生进行了一次非常有意义的演讲. 我同样非常感谢费勒 (Feller) (1966, 1967)、比林斯利 (Billingsley) (1990)、皮尔曼 (Pitman) (1993)、罗斯 (Ross) (2009) 以及达雷特 (Durrett) (2010) 编写的那些经典的概率论教科书, 我这本书中的很多内容是借鉴了他们

的著作. 最后想要感谢的是我的双胞胎孩子们——吉玛（Gemma）和马克斯（Max），他们出生在我写这本书期间，从他们身上，我获得了很棒的灵感和想法，但有时也因为他们，我不能集中注意力进行写作. 这本书中的任何错误之处，如果要找原因的话，那么就肯定是因为我的宝贝孩子们分散了我的注意力.

目 录

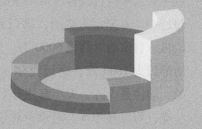

1 概率基础

1.1 概率的价值

迄今最大规模的扑克联赛——2006 年世界扑克锦标赛（WSOP）主赛进行到第七天，正在进行第 229 场比赛，8770 名参赛者都已被相继淘汰，现在只剩下最后三名玩家进行决赛. 最终获胜者将获得 1200 万美元的现金奖励，第二名将获得超过 610 万美元的奖励，第三名则可获得大约 410 万美元. 杰米·高德（Jamie Gold）目前的筹码是 6000 万，领先于其他两人，保罗·瓦萨卡（Paul Wasicka）的筹码为 1800 万，而迈克尔·宾格（Michael Binger）的则为 1100 万. 比赛开始，前注是 5 万，大小盲注分别为 20 万和 40 万（请注意：如果读者不熟悉德州扑克，可以参考本书附录中对该游戏的简要解说和相关术语介绍的部分）. 高德的底牌是 4♠ 和 3♣，跟注，瓦萨卡是 8♠ 和 7♠，也跟注，宾格为 A♥ 和 10♥，决定加注，高德和瓦萨卡跟注. 翻牌为 10♣、6♠ 和 5♠，瓦萨卡过牌，可能希望下一轮加注. 但是当轮到他时，宾格的赌注已经达到 350 万，而高德已经全押了. 在这种情况下，如果你是保罗·瓦萨卡，接下来你会怎么做？

这时候，当然有很多方面的因素需要考虑. 现在，能够想到的一个简单的概率问题就是：在已知每个玩家的底牌和翻牌的情况下，如果瓦萨卡跟注，他的牌能组成同花或顺子的概率有多大？

本书会试着解决这类概率计算的问题. 但在我们进行概率计算之前，我们还是有必要重新审视一下这个问题. 什么是某个事件发生的概率？例如瓦萨卡得到同花或顺子这个事件发生的概率，比如说是 55%，是什么含义呢？一些读者可能会很惊讶地发现，在"概率"的定义这一问题上，概率学家和统计学家之间一直没能达成统一意见. 现在他们主要分为两个学派.

第一个学派是频率论支持者. 他们将事件发生的概率是 55% 定义为在完全相同的条件下，进行多次重复性的实验，并且每次实验都相互独立，最终，事件发生的次数为总次数的 55%. 也就是说，瓦萨卡得到同花或顺子的概率为55%，这句话的意思就是想象我们反复观察这种情况的发生结果，或是想象不断重复发转牌和河牌，每次发完后就把台面上的其他牌重新洗牌，再重复以上步骤，随着实验的不断重复，会发现瓦萨卡的牌是同花或顺子的次数占总次数的 55%.

第二个学派则是贝叶斯论的支持者. 他们认为 55% 这个数反映的是人们对于某事件可能发生的主观感觉. 在这个例子中，因为数值为 55%，所以表示人们认为这个事件会发生的可能性比不会发生的可能性要稍高一点.

这两种定义一定程度上反映了不同的科学问题、统计过程和结果解读. 例如，一位贝叶斯论者可能会探讨火星上存在生命的概率，而频率论者则会辩驳这个议题不具有任何意义. 几十年来，频率论者和贝叶斯论者已经就概率的意义这一问题进行了无数次的辩论，却似乎永远也得不出统一的意见.

尽管专家们在概率定义这个问题上存在分歧，但他们在概率的数学运算的理论上却达成了一致. 频率论者和贝叶斯论者都同意关于概率的基本运算法则，也就是广为人知的**概率公理**. 1.3 节会提到这三条公理，以及如何运用这三条简单的公理进行概率的计算. 人们就标准的概率表示符号达成了一致，例如，我们记 $P(A)=55\%$，表示事件 A 发生的概率为 55%.

 ## 1.2 基本术语

在我们探讨概率公理之前，需要先掌握一些术语. 首先是"或者"这个关系词的理解. 1.1 节画了下划线的句子中的问题其实是不明确的，它所指的情况到底是瓦萨卡得到的只是同花或者只是顺子但不包括两者同时发生的情况，还是他可以得到同花或者顺子并且也包括两者同时发生的情况呢？英文中关于"或者"一词的界定是很含糊的. 而数学家们关心的是明确的问题而非含糊的，于是他们统一意见后约定"A 或者 B"意为"A 或者 B 或者两者同时发生". 如果有人意在表达"A 或者 B 但不包括两者同时发生"的情况，他就必须明确提出"但不包括两者同时发生"的情况.

当然，在有些情况下，事件 A 和事件 B 不可能同时发生. 例如，我们如果要计算瓦萨卡这把牌能得到同花或者三张 8 的概率有多大，就可以发现这两种情况是不可能同时发生的. 如果转牌和河牌都是 8，那么这两张牌就都不可能是黑桃，因为瓦萨卡已经有黑桃 8 了. 如果 A 和 B 两个事件不可能同时发生，即如果 $P(A\cap B)=0$，那么我们就可以说这两个事件是互不相容的. 而我们经常用符号 AB 表示事件 A 交事件 B，所以两事件互不相容可以简写为 $P(AB)=0$.

所有可能结果的集合叫作**样本空间**，而某个事件就是样本空间中的一个子集. 例如，在 1.1 节刚开始就描述的 WSOP 一例，如果要猜测转牌会是什么牌，那就要考虑由所有 52 张牌所组成的集合的样本空间. 当然，如果我们已经知道三名玩家所出过的牌和他们的三张公共牌，那么这九张已经出现在台面上的牌会在转牌中出现的概率就为 0，就只需要考虑剩下的 43 张牌，它们出现的概率是相同的. 转牌为方块 7 的事件是一个只包含单一元素的样本空间, 而转牌的花色为方块的事件则包含了 13 个元素.

考虑到事件 A, 我们用记号 A^c 来表示 A 的**补集**, 或者换句话说, 其为 A 不发生时的事件. 例如, 如果事件 A 指转牌为方块, 那么 A^c 就是指转牌为梅花、红桃或黑桃这一事件. 对于任何事件 A, 事件 A^c 和它总是互不相容的, 并且相加等于合集, 意思就是二者共同组成整个样本空间.

1.3 概率公理

整个概率论中的三个基本定理或者叫作三大公理, 如下:

公理 1 $P(A) \geqslant 0$;

公理 2 $P(A) + P(A^c) = 1$;

公理 3   如果事件 A_1, A_2, A_3, $\cdots$, A_n 两两互不相容, 那么 $P(A_1 \cup A_2 \cup A_3 \cup \cdots \cup A_n) = P(A_1) + P(A_2) + P(A_3) + \cdots + P(A_n)$, 其中 n 为正整数或可数无穷多.

公理 1 表明任何概率最小值为 0, 再根据公理 2, 可以推导出任何概率都不能超过 1, 同时也能知道如果事件 A 不发生的概率是 45%, 那么事件 A 发生的概率是 55%. 有时候, 我们要计算事件 A 发生的概率, 可以先计算事件 A 不发生的概率, 这样可能比较容易计算出结果.

公理 3 也称**互不相容事件的加法法则**. 我们要注意事件之间互不相容的关系是非常明显的. 例如, 如果玩家玩一把德州扑克时, A_1 表示的事件是拿到的手牌是一对 A, A_2 表示拿到的手牌是一对 K 的事件. 这两个事件不可能同时发生, 所以这两个事件是互不相容的. 而根据公理 3, 这把牌拿到一对 A 或是一对 K 的概率等于拿到一对 A 的概率加上拿到一对 K 的概率. 这个结果貌似很显然, 但事实上将两个概率相加等于其中任何一个事件可能发生的概率并不能用公理或是定理来证明, 在讨论概率论时, 我们假设它是一个默认的基本原理.

同时我们也要注意公理 3 并不适用于 1.1 节讨论的问题, 即计算瓦萨卡的牌组成同花或顺子的概率. 因为手中的牌能组成同花或是顺子这两种情况可能同时发生 (如转牌和河牌分别是 9♣ 和 Q♥), 所以这两个事件并不是互不相容的, 所以公理 3 不适用于这种例子.

最后, 我们需要注意的是, 由这三个概率公理能推导出: 如果有 n 个事件, 且这些事件发生的概率相同, 那么其中任何一个事件发生的概率是 $1/n$. 这个看似很显然的结果是可以由公理 3 直接证明得到 (见习题 1.3) 的. 这个结论在我们后面讨论德州扑克中的概率问题时发挥着莫大的作用. 因为在很多情况下, 结果发生的可能性都是相同的. 发生概率相同的事件会在 2.1 节中进行详细讨论.

 1.4 文氏图

许多读者在这之前肯定已经接触过文氏图了, 所以我们在这里并不打算详细介绍它. 为什么我们能够使用图形 (见图 1.4.1) 来解决概率问题呢?

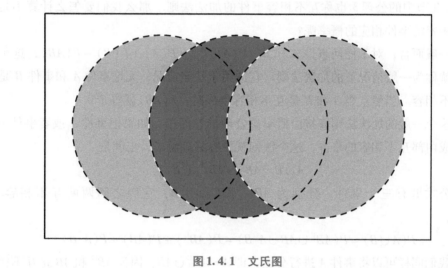

图 1.4.1 文氏图

这个结果和 1.3 节中讨论的概率公理有着莫大的关系. 本书讨论的所有概率论定理都可以由 1.3 节中的三个简单公理推导出来. 这些公理不仅仅适用于计算概率, 也适用于其他方面, 如面积等. 设想你有一个单位面积的纸张, A_1, A_2, A_3, …分别表示纸张上的各个图形. 假设 $P(A)$ 表示的不是概率, 而是图形 A 所占的面积大小, 那么 A^c 就表示图形 A 以外的区域面积, AB 表示的是图形 A 和图形 B 的重叠部分, 也就是图形 A 和图形 B 在纸张上的公共部分, 而 "图形 A 或图形 B" 表示的就是图形 A 和图形 B 的合并面积, 也就是图形 A 或是图形 B 或是图形 A 和 B 的重叠部分所占据的纸张上的部分. 在这个问题上, 三大公理也是成立的: 任何一个图形在纸张上的面积总是大于等于 0 的; 图形所覆盖的区域面积加上没有被图形覆盖到的区域面积总和为 1; 如果图形之间没有重叠的部分, 那么图形之间就是两两互斥的, 图形 A_1, A_2, A_3, …两两互斥的话, 它们所覆盖的总

面积就是图形 A_1，A_2，A_3，⋯面积的简单相加.

因此，概率论中的这些公理也完全适用于一个单位面积纸张的面积问题. 在本书里，还会多次提及概率和面积之间的联系. 如果在更高层次的研究层面上进一步学习概率论，会发现概率论和测度论之间的联系是很清楚明白的，测度论就是关于面积、体积以及其他可以测量的图形或对象的测量原理的研究.

♠ 1.5 一般加法法则

1.3 节中的公理 3 也称互不相容事件的加法法则. 那么我们要怎么计算不是互不相容的事件相应的概率呢？

一般而言，对于任何事件 A 和 B，$P(A \cup B) = P(A) + P(B) - P(AB)$，这个公式就称为一般情况下的加法法则. 它适用于任何情况，无论事件 A 和事件 B 是否互不相容. 当然，当 A 和 B 是互不相容事件时，$P(AB)$ 就等于 0.

这个一般的加法法则直接由概率论公理推导而出，如果把事件 A 或者事件 B 分解成内部互不相容的事件，这个法则就更容易理解了，也就是

$$A \cup B = AB^c \cup AB \cup A^c B$$

公式里有三个事件，分别为 AB^c，AB 和 $A^c B$，它们之间两两互不相容. 因此，

$$P(A \cup B) = P(AB^c \cup AB \cup A^c B) = P(AB^c) + P(AB) + P(A^c B)$$

我们同样可以将事件 A 进行分区，即 $A = AB^c \cup AB$，因为 AB^c 和 AB 是互不相容的，根据公理 3 就有 $P(A) = P(AB^c) + P(AB)$. 用同样的做法对事件 B 进行分区，$B = A^c B \cup AB$，所以就有 $P(B) = P(A^c B) + P(AB)$. 因此，

$$P(A) + P(B) - P(AB) = [P(AB^c) + P(AB)] + [P(A^c B) + P(AB)] - P(AB)$$
$$= P(AB^c) + P(AB) + P(A^c B)$$
$$= P(A \cup B)$$

接下来，我们会讨论五个范例，这些范例都是从 1.1 节讨论过的世界扑克锦标赛中出现的手牌入手. 在每个例子中，假设我们所知道的信息就只有 1.1 节中提过的那些，如瓦萨卡手中的牌是 8♠ 和 7♠，宾格的是 A♥ 和 10♥，高德的是 4♠ 和 3♣，翻牌是 10♣、6♠ 和 5♠. 假设剩余的 43 张牌作为转牌和河牌身份出现的概率是相同的，并假设瓦萨卡跟注.

例 1.5.1 在转牌圈，瓦萨卡手中的牌能组成同花顺的概率是多少？

答案：为了组成同花顺，瓦萨卡还需要一张 4♠ 或是 9♠，但是高德手中已经

有 4♠ 了，所以瓦萨卡只可能拿到 9♠. 在转牌圈拿到的转牌有 43 种情况且发生的可能性相同，任何一种情况发生的概率都是 1/43，所以转牌是 9♠ 的概率是 1/43.

例 1.5.2 在转牌圈或是河牌圈，瓦萨卡手中的牌能组成同花顺的概率是多少？

答案：首先我们要回想一下在 1.2 节提到的术语"或者"的定义，这个问题进一步延伸，就可以理解为"瓦萨卡在转牌圈或是在河牌圈或是在转牌圈、河牌圈都能拿到 9♠ 组成同花顺的概率是多少？"但我们知道 9♠ 是不可能同时出现在转牌圈和河牌圈里的. 所以，现在假设 A 表示转牌圈拿到 9♠ 的事件，B 表示河牌圈拿到 9♠ 的事件，那么事件 A 和事件 B 是互不相容的，再根据公理 3，A 或者 B 的概率等于 A 的概率与 B 的概率的简单相加，所以这道题目的答案就是 1/43 + 1/43 = 2/43.

这道题中，我们要注意到事件 B 发生的概率是 1/43，而并不是 1/42. 为什么呢？我们现在把事件 B 的概率当成在河牌圈拿到 9♠ 发生的频率，并且不断重复这个情景. 很显然，剩余的 43 张牌在河牌圈出现的可能性都是相同的，所以 9♠ 出现的概率就是 1/43.

例 1.5.3 无论是在转牌圈还是在河牌圈，瓦萨卡手中的牌都不能组成同花顺的概率是多少？

答案：这个事件其实是例 1.5.2 事件的补集，根据公理 2，答案就是 1 − 2/43 = 41/43.

例 1.5.4 在转牌圈，瓦萨卡手中的牌能组成同花的概率是多少？

答案：在剩余的牌中还有 8 张是黑桃的牌，分别是 A♠，K♠，Q♠，J♠，10♠，9♠，3♠，2♠. 在例 1.5.1 中提到过，剩余的 43 张牌在转牌圈出现的概率都是 1/43，所以现在假设 A_1 表示转牌是 A♠ 的事件，A_2 表示转牌是 K♠ 的事件，以此类推进行定义. 注意到这些黑桃的牌不可能同时出现在转牌中，所以 A_1，A_2，$\cdots$，A_8 是两两互不相容的，因此根据公理 3，可以得到：

$$P(A_1 \cup A_2 \cup \cdots \cup A_8) = P(A_1) + P(A_2) + \cdots + P(A_8)$$
$$= 1/43 + 1/43 + \cdots + 1/43$$
$$= 8/43$$

例 1.5.5 在转牌圈或是河牌圈，瓦萨卡手中的牌能组成同花的概率是多少？

答案：这道题有一点难度. 假设 A 表示转牌是黑桃的事件，B 表示河牌是黑桃的事件，那么事件 A 和事件 B 并不是互不相容的. 目前我们不能轻易解出这道题，所以先将这道题暂且搁置一下，等到我们讨论了例 2.4.3 中的排列组合问题后再回到这道题上来.

 习 题

习题 1.1 有时候留心玩家中谁的牌型是第二好的是非常重要的. 在高德、瓦萨卡和宾格的比赛中，如果瓦萨卡和宾格都全押了，并且宾格最终赢了这把牌，与此同时，瓦萨卡的牌型要大于高德的，那么瓦萨卡也并没有被淘汰出局，因为他手中的筹码多于宾格的筹码，这把牌后，宾格手中的筹码变为 3300 万，瓦萨卡的则为 1400 万，高德的为 4200 万. 如果三名选手在这把牌中都全押并且高德最终赢了这把牌，那么这次比赛就结束了，高德是冠军，因为他现在的筹码多于这把牌开始阶段对手手中的筹码，在这种情况下，按照规定，在这把牌开始阶段有更多筹码的玩家就是第二名，也就是瓦萨卡获得了亚军.

现在假设三名玩家在翻牌圈就全押，高德赢牌的概率是 17.17%，瓦萨卡赢牌的概率为 53.82%，宾格赢得这把牌并且瓦萨卡的牌大于高德的牌的概率是 24.03%，宾格赢得这把牌并且瓦萨卡和高德平分边池的概率是 1.00%. 那么宾格赢得这把牌并且高德的牌大于瓦萨卡的牌的概率是多少？

习题 1.2 在 1.1 节中描述的三位玩家比赛之前，假设高德获胜的概率是 60/89，宾格获胜的概率是 11/89，那么瓦萨卡获胜的概率是多少？在计算这个概率时需要使用哪个概率公理？

习题 1.3 假设事件 A_1，A_2，$\cdots$，A_n 发生的可能性相同，并且其中恰好有一个肯定会发生. 请利用公理 3，证明：$P(A_1) = 1/n$.

习题 1.4 假设你现在在 WSOP 主赛的最后一场比赛中，根据你以往的比赛经验和现在所拥有的筹码，你认为这次比赛能够获胜的概率是 30%. 这算是一种概率的频率论类型的贝叶斯论吗？

习题 1.5 写出三个事件的一般加法法则. 也就是说，对于任意事件 A、B 和

C，写出 $P(A \cup B \cup C)$ 的一般公式. 提示：可以从 $P(A)$、$P(B)$、$P(C)$、$P(AB)$、$P(AC)$、$P(BC)$ 和 $P(ABC)$ 着手.

习题 1.6 利用概率公理，证明布尔不等式，该不等式用数学公式表达为对于任何事件 A_1、A_2、$\cdots$、A_n，都有

$$P(A_1 \cup A_2 \cup \cdots \cup A_n) \leqslant P(A_1) + P(A_2) + \cdots + P(A_n)$$

其中 n 为正整数或可数无穷多.

2 计数问题

许多概率问题仅仅涉及计数问题，尤其是考虑到发生的可能性相同的事件更是如此．例如，从一副洗得很彻底的扑克牌中发一张牌，发到的纸牌是红桃的概率是多少呢？如果这 52 张牌出现的可能性相同，那么纸牌为红桃的概率就是这副牌中红桃的张数除以 52．因此，这个问题的解决方法就是只要数出一副牌中红桃的张数就行了，然后将数出来的数字除以发生概率相同的事件数量（这道题中是52）．如果从一副牌中同时发两张牌，那么这两张牌正好是同花连张（如8♠，7♠）的概率是多少？从一副牌中同时发五张牌，那么这五张牌是同花的概率又是多少呢？这两个问题的计算貌似比第一个概率问题（单张牌是红桃的概率）复杂得多．但仔细想想，其实不然，所有的这些问题都只涉及一个简单的原理：每次抽到的牌的可能情况都有一个固定的数目，并且这些可能情况发生的可能性都是相同的，因此问题中的概率计算只需要数出可能情况中符合问题要求的情况数量，再除以可能情况的总数．

 ### 2.1 含等可能事件的样本空间

假设一个样本空间包含了有限 n 个元素，这 n 个元素发生的可能性相同，并且每次正好有一个发生．某个事件 A 表示正好包含 k 个元素，那么事件 A 发生的概率就是简单的 k/n．在这种情况下，计算某个事件的概率就相当于计数：数出事件中的元素的数量 k，数出样本空间中元素的总数 n．

例 2.1.1 在 2008 年 WSOP 主赛场的最后一轮中，史考特·蒙哥马利（Scott Montgomery）全押，彼得·艾斯哥特（Peter Eastgate）跟注全押．蒙哥马利手中有 A♦ 和 3♦，艾斯哥特有 6♠ 和 6♥，台面上有 A♣、4♦、Q♠ 和 A♠．这时，假设没有其他更多的信息（我们并不知道其他已经弃牌的玩家手中的牌），那么艾斯哥特在河牌圈能够获胜的概率是多少？

答案：一副牌有 52 张牌，其中的 8 张已经知道了是什么牌，考虑到没有其他更多的信息，我们可以假设剩余的 44 张牌在河牌圈出现的可能性是相同的．44 张牌中只有两张牌能让彼得·艾斯哥特获胜：6♣ 或是 6♦，这样艾斯哥特赢得这把牌的概率就是 2/44，也就是 1/22．（在那次比赛中，艾斯哥特最后拿到的河牌是 6♦，赢得了比赛，成了迄今为止最年轻的德州扑克世界冠军．）

例 2.1.2 在 2007 年 NBC 的深夜德州扑克节目"保罗·费瑟斯通梦想桌"的最后一把牌的比赛中，只有加文·史密斯（Gavin Smith）和菲尔·赫尔姆斯

（Phil Hellmuth）两名玩家留下了. 盲注分别为 800 美元和 1600 美元, 菲尔·赫尔姆斯手中只有 6700 美元的筹码. 加文·史密斯全押, 赫尔姆斯仅仅只是看了他手中的第一张牌, 发现是一张 A, 就跟注了, 其他牌他并没有看. 在没有其他更多有关两位玩家手牌的信息的情况下, 赫尔姆斯手中第一张牌是 A 的概率是多少?

答案: 52 张牌中任何一张成为赫尔姆斯的第一张牌的可能性都是相同的, 而其中只有四张牌是 A, 所以赫尔姆斯的第一张牌是 A 的概率是 4/52 = 1/13.

例 2.1.3 在上一例题的情景下, 知道赫尔姆斯的第一张牌是 A（再次提醒: 我们并不知道史密斯手中的牌是多少）, 那么赫尔姆斯有一对 A 的概率是多少?

答案: 因为赫尔姆斯已经有了一张 A, 那么他的另一张牌的可能情况就有 51 种, 而每种情况发生的可能性都相同, 而这 51 张中, 只有 3 张牌是 A, 所以赫尔姆斯的另外一张牌也是 A 的概率是 3/51 = 1/17.（顺带说一下, 这次比赛的结果是赫尔姆斯拿到的是一张 A 和一张 7, 而史密斯是两张 5, 最终台面上的牌分别是 A、4、9、7 和 5, 这样的结果让人有点哭笑不得.）

例 2.1.4 为了迷惑对手, 一些玩家可能会随机决定他们下一步该怎么走, 例如 2004 年哈林顿（Harrington）和罗伯特（Robertie）提出的利用手表上的秒针来决定走牌. 假设拿到的牌是 A 和 J, 就看一下你的手表, 如果秒针指向东北方向的四分之一圆周部分, 那么就加注, 否则就弃牌. 在拿到的牌是 A 和 J 的情况下, 秒针的位置在这 4 个四分之一圆周部分的任何一个部分发生的可能性都是相同的. 那么在拿到的牌是 A 和 J 的情况下, 决定全押的概率是多少?

答案: 我们可以考虑一下样本空间, 这道题的样本空间包括手表上的 4 个四分之一圆周. 假设秒针的位置在任何一个部分发生的可能性都是相同的, 那么样本空间中就有四个发生可能性相同的事件. 因此例题中问到的概率就是 1/4.

例 2.1.5 2010 年的 WSOP 主赛场上有一把（可能）至关重要的牌. 在比赛的第八天, 原来的 7319 名玩家只剩下了 15 名, 乔纳森·杜哈明（Jonathan Duhamel）当时的筹码数额是第一, 此时他的底牌是 J♣ 和 J♥, 于是从 200000 加注到 575000. 马特·阿弗莱克（Matt Affleck）的底牌为 A♣ 和 A♠, 当时是庄家, 于是他再加注到 1550000. 杜哈明再加注到了 3925000, 阿弗莱克跟注. 杜哈明拿到的翻牌是 10♦、9♣ 和 7♥, 决定过牌, 阿弗莱克下注 5000000, 杜哈明跟注. 杜哈明拿到的转牌是 Q♦, 过牌, 阿弗莱克全押, 注额为 11630000, 杜哈明面临着一个艰难的抉择. 考虑到台面上的牌和玩家的底牌, 如果杜哈明跟注, 他赢得这把牌的概率是多少?

答案: 为了获胜, 杜哈明的河牌需要一张 K、J 或一张 8. 剩余的 44 张牌出现的可能性都相同, 符合条件的牌一共有 10 张, 分别是 4 张 K, 2 张 J, 以及 4 张 8, 所以杜哈明获胜的概率是 10/44, 大约是 22.73%.

在那次比赛中, 杜哈明跟注了. 河牌是一张 8♦, 杜哈明组成了一个顺子, 由此获得了超过 4100 万筹码的底池, 这把牌让他手中的总筹码增加到了 5100 万之多, 是全场总筹码的三分之一 (马菲·贾维斯 (Matthew Jarvis) 那时是第二名, 手中大约有 2900 万的筹码). 最终, 杜哈明赢得了这场比赛成了冠军, 并获得了超过 890 万美元的奖金.

例 2.1.6 在 2007 年 WSOP 主赛场的最后一场比赛中, 只剩下 8 名玩家, 李·查尔兹 (Lee Childs) 首先叫注, 注额从 240000 加注到 720000. 假设只有在他的两张底牌是 AK 或是 AA 或是 KK 或是 QQ 时, 查尔兹才会加注并且一定会加注. 在不知道其他对手的手牌的情况下, 如果他加注了, 那么他的底牌是一对 A 的概率是多少?

答案: 我们很有可能这样推断: 一共只有四种可能的情况, 因此每种情况发生的概率一定都是 1/4. 其实这种推断如果是有效的话, 就表明四种情况的任意一种发生的可能性都要是相同的, 但事实上, 这四种可能的手牌发生的频率是不一样的, 因此四种情况的任意一种情况发生的概率并不是相同的, 所以上述的答案是不正确的. 这个问题正确的解法应该是考虑两张纸牌的各个集合, 包括它们的花色, 这样才能决定样本空间. 例如, 其中一个集合可以是 (A♦, K♠) 或是 (Q♣, Q♥). 如果我们不考虑这两张牌的顺序, 也就是说 (A♦, K♠) 和 (K♠, A♦) 是同一个集合. 这些集合就被称为**组合**. 现在, 我们就很容易看出两张纸牌的每个组合出现的概率都是相同的. 考虑到这道题中给出的信息, 查尔兹手牌的样本空间包括了以下 34 种发生概率相同的组合: { (A♣, K♣), (A♣, K♦), (A♣, K♥), (A♣, K♠), (A♦, K♣), (A♦, K♦), (A♦, K♥), (A♦, K♠), (A♥, K♣), (A♥, K♦), (A♥, K♥), (A♥, K♠), (A♠, K♣), (A♠, K♦), (A♠, K♥), (A♠, K♠), (A♣, A♦), (A♣, A♥), (A♣, A♠), (A♦, A♥), (A♦, A♠), (A♥, A♠), (K♣, K♦), (K♣, K♥), (K♣, K♠), (K♦, K♥), (K♦, K♠), (K♥, K♠), (Q♣, Q♦), (Q♣, Q♥), (Q♣, Q♠), (Q♦, Q♥), (Q♦, Q♠), (Q♥, Q♠)}. 可以发现 AK 的组合有 16 组, AA 有 6 组, KK 有 6 组, QQ 有 6 组. 34 个组合发生的概率都是相同的, 因此查尔兹拿到 AA 的概率是 6/34，大约是 17.65%.（顺便说一句，查尔兹在比赛中拿到的是 Q♥ 和 Q♠.）本章节的剩余部分将讨论一些概念，这些概念将有助于提高解这道题的速度，因为它并不需要将两张纸牌所有可能的组合都列举出来.

数学符号的简要说明：在扑克相关文章中，经常使用缩写，如"AK"指的就是一张 A 和一张 K，"A♦A♥"就表示方块 A 和红桃 A. 在概率论相关文章中，两张纸牌的组合就在圆括号中表示，并用逗号区分，如（A，J）或是（A♦，A♥）. 在这本书中，这些符号会交替使用，扑克符号的使用不是为了显得简洁，而是为了显示清晰明了的感觉或是标记乱序结果或是为了列举出许多可能情况的手牌，就像上面的例题所显示的那样，这时我们就要保留圆括号这个符号.

♠ 2.2 乘法计数原理

我们接下来要讨论的法则貌似很理所当然，它的证明是不重要的，但是这个法则对快速计算出排序结果的数量是非常有用的（例如从一副牌中分牌），它同时也是计算不同排列组合数量的基础.

乘法计数原理：在第一个实验中，有 a_1 个可能发生的不同结果；对于每个结果，在第二个实验中，又有 a_2 个可能发生的不同结果，那么在这两个实验中，就有 $a_1 \times a_2$ 个可能发生的排序结果. 一般地，如果有 j 个实验，每个实验中有 a_i 种可能发生的情况，那么不同的排序结果的数量就是 $a_1 \times a_2 \times \cdots \times a_j$.

 例 2.2.1 为了说明"排序"的意思，我们设想一种游戏情景，你和你的对手要从一副扑克牌中先后拿出一张牌. 此时，这两张牌的顺序很重要，因为你拿到 A♣、对手拿到 K♥ 的这个情况和你拿到 K♥、对手拿到 A♣ 的情况是两件完全不同的事件. 用简略的表达方式就是 [A♣，K♥]≠[K♥，A♣]. 那么在这种情况下，不同的排序结果有多少种呢？

答案：根据乘法计数原理，不同的排序结果的数量应该是 52×51，因为你抽牌时有 52 种选择，对于每种你的选择，你的对手就剩下 51 种不同的选择.

例 2.2.2 在 2005 年，世界扑克巡回赛的"一百万 101 港湾流星赛"的主赛场，还剩下四位玩家，盲注是 20000 和 40000，前注是 5000. 叫注的第一个玩家是丹尼·阮（Danny Nguyen），他全押了筹码，共 545000，底牌是 A♦7♦. 山德·森特库特（Shandor Szentkuti）跟注，底牌是 A♠K♣. 另外的两位玩家格斯·汉森

（Gus Hansen）和杰伊·马顿斯（Jay Martens）弃牌. 翻牌是 5♥、K♥ 和 5♠. 现在知道的信息只有翻牌和这两位玩家的底牌，那么丹尼·阮赢得这把牌的概率是多少？（注意：如果转牌和河牌是两张 5 或是一张是 5，一张是 A 的话，就可能分摊底池，但本题问的是阮赢得全部底池筹码的概率是多少.）

答案：两位玩家的四张底牌和三张翻牌已经从一副牌中抽出，那么还剩下 45 张牌. 这 45 张牌在转牌圈出现的可能性都相同，而无论是哪张牌出现在转牌圈，河牌都只剩下 44 张牌可供选择. 因此，根据乘法计数原理，转牌和河牌的排序结果有 $45 \times 44 = 1980$ 种，而且每种结果出现的可能性都是相同的. 而这些结果中又有哪几种结果能让阮赢得这把牌呢？阮要赢，转牌和河牌就必须都是 7，现在只有三张 7 中的一张有可能出现在转牌圈，而对于任何一张 7，在河牌圈出现 7 的结果就剩下两种，根据乘法计数原理，就有 $3 \times 2 = 6$ 种排序结果. 于是阮能赢得这把牌的概率就是 $6/1980 = 1/330$. （这把牌的真实结果是：转牌是 7♠，河牌是 7♣，所以阮赢得了这把牌. 森特库特在这之后的一把牌中被淘汰了，是第四名，而阮就继续比赛，最终成了这次锦标赛的冠军.）

♠ 2.3 排列

第 1 章的一些例子涉及计算两个事件的排序结果的数量. 本章中，我们进一步归纳两个或者更多事件的排序结果要如何计算. 这种排序结果就可以称为排列. 排列这个术语最常用来指 n 个不同元素中取出 k 个元素进行排序，就像下面的例 2.3.1 描述的，但是本书将用这个术语来表示从 n 个不同对象中取出任意 k 个进行排列的排序结果.

乘法计数原理可以计算不同排列的个数. $j!$ 表示 $j \times (j-1) \times (j-2) \times \cdots \times 1$，一般地，我们规定 $0! = 1$. 假设有 n 个不同的元素，从这给定的 n 个元素中有次序地任意取出 k 个，组成的排列个数就有 $n \times (n-1) \times \cdots \times (n-k+1) = n!/(n-k)!$，$n$ 和 k 为整数且 $0 \leq k \leq n$. 在第一次选择时，有 n 种可能出现的结果；对于第一次的每种选择，在第二次选择时，因为第一次已经选择了一个元素，所以就剩下 $n-1$ 种可能出现的结果，依次类推.

特别地，如果我们让 k 等于 n，我们可以发现 n 个元素进行排列的结果是 $n!/(n-n)! = n!$ 种.

 例 2.3.1 计算一副牌中的 52 张牌有多少种不同的排列顺序？

答案：在这道题中，n 和 k 都是 52，根据上面给出的公式，一副牌的排列就有 52! 种结果，大约是 8×10^{67}.

注意，当我们从 n 个不同的元素中按顺序随机选出 k 个元素时，这些排列出现的可能性都是相同的. 例如，当我们从一副 52 张的牌中（$n = 52$）有次序地取出 k 张不同的牌，这 k 张牌的每种排列出现的可能性都是相同的，所以 2.1 节的法则也是适用的，下面的一个例子说明的就是这种情况下的问题.

例 2.3.2 在一局比赛中，台面上的 5 张牌正好能组成升序的同花顺的概率是多少？（例如，如果牌的顺序是 7♥、8♥、9♥、10♥、J♥ 或是 A♥、2♥、3♥、4♥、5♥，我们就说这手牌组成了一个升序的同花顺；如果是 J♥、10♥、9♥、8♥、7♥，则不是一个升序的同花顺.）

答案：我们首先要计算出的是 52 张不同的牌中任意取出 5 张牌的排列数量，是 $52! / (52-5)! = 311875200$，并且每种排列出现在台面上的可能性是相同的. 而在这些排列中，能组成升序的同花顺的排列有 40 个：第一张牌一定是 A、2、3、… 和 10 中的一个，因此第一张牌就有 40 种选择，而从这 40 张牌中取出任意一张牌，为了组成升序的同花顺，剩下的四张牌有且只有一种选择. 因此升序同花顺出现的概率是 $40/311875200 = 1/7796880$.

例 2.3.3 假设按一定的顺序对 52 张牌进行排列，按照从大到小方式的排列就是 A♠、A♥、A♦、A♣、K♠、K♥、K♦、K♣、…、2♠、2♥、2♦、2♣. 那么如果给定一副五张牌的手牌，这五张牌按照升序排列的概率是多少？

答案：首先，我们注意到这五张牌的任意排列出现的可能性都是相同的. 这五张牌的排列个数有 $5! = 120$ 种，其中只有一个排列是符合升序要求的，所以五张牌按照升序排列的概率是 $1/120$.

例 2.3.4 有一个翻牌前的基本经验法则：如果在一个回合中还没有人加注，并且你之后还有 n 个要叫注的玩家（不包括你），而你的底牌有 $1/n$ 的可能性是最好的，那么你就加注. 当然，我们知道一对 A 是最好的底牌，无论是在哪个位置. 除了对子外，其他很多最好的底牌至少要包括一张 A. 假设现在有 10 位玩家，每个人都是使用这个策略. 那么第一个加注的人之后，紧接着的玩家的底牌是 A♠A♥ 的概率是多少？

答案：首先，台面上的牌一共有 52! 种排列，并且每种排列出现的可能性都是相同的. 现在的问题就转化为计算在这些排列中，第一个人加注后，紧接着的一位玩家能够拿到（A♠，A♥）（或是（A♥，A♠））排列的概率. 现在我们假设暂时把 A♠ 和 A♥ 从一副牌中取出来，那么对剩下的 50 张牌进行排序，就有 50! 种排列结果，而在这些排列中，每个排列有且只有一个位置可以将 A♠ 和 A♥ 插入. 所以在至少有一张 A 的第一个玩家加注后，下一位玩家手中的牌是 A♠ 和 A♥，这样才能满足要求. 例如，假设现在将 A♠ 和 A♥ 从一副牌中抽出后，剩余 50 张牌中发出的前 18 张牌如下：(3♣, K♥)、(Q♥, 5♦)、(Q♦, 7♠)、(2♠, 3♦)、(10♣, 10♠)、(A♦, 4♠)、(7♥, 8♦)、(8♠, 5♣) 和 (K♦, J♥)，现在我们就可以马上把 A♠ 和 A♥ 放到 (10♣, 10♠) 的后面，这样就可以得到有且仅有一个满足条件的排列. 现在，按照这样的思路思考，假设原来的 52 张牌的排列中有符合上述条件的这样一个排列，我们可以从这个排列中将 A♠ 和 A♥ 抽出来，这样就得到了剩下的 50 张牌的一个唯一的排列. 这道题中的一个关键思路是 50 张牌（去掉 A♠ 和 A♥）的排列和全部 52 张牌的满足条件（即第一个加注的玩家之后，紧接着的那位玩家的底牌是 (A♠, A♥)）的排列之间存在一一对应的关系. 因此，满足条件的排列的数量是 $2 \times 50!$ 个，因为紧接着第一个加注人后，下一位玩家的底牌可以是 [A♠, A♥]⊖ 也可以是 [A♥, A♠]，这两张牌之间存在一个排列顺序. 因此，第一位加注后，紧接着的玩家的牌是 [A♠, A♥] 或 [A♥, A♠] 的概率是 $2 \times 50!/52! = 1/1326$，其实这个结果和第一个加注的玩家的底牌是 [A♠, A♥] 或 [A♥, A♠] 的概率的计算是相同的.

注意：在这道题使用的方法中，玩家的数量和底牌中包含 A 这两件事情是不相关的. 无论有多少位玩家参加游戏，无论他们的底牌是什么，紧接着第一个加注人后的玩家的底牌是 A♠A♥ 的概率和第一个加注的玩家的底牌是 A♠A♥ 的概率是完全相同的. 但是，这道题也存在一个受争议的地方：按照假设，一定会存在这样的一种情况，无论玩家的底牌是什么，他一定会加注. 例如，下小盲注的人之前的玩家都没有加注，小盲注后面还剩下一位玩家 $n = 1$，所以下小盲注的人会加注的概率就是 1/1（因为根据经验，这个人认为他的底牌百分之百是最好的）. 因此，在这种情况下，"玩家加注"这个行为不能提供给我们下一位玩家手中有一对 A 的任何信息. 如果考虑到这种情况，解决方法就有一些细微的变化，可以参照例 2.4.14.

⊖ 本书中括号表示排列，小括号表示组合.

♠ 2.4 组合

组合是指不考虑元素排序结果的集合. 例如,在德州扑克中,两张牌会出现多少种不同的结果?如果要求两张牌按顺序排列,那么就有 52×51 种结果,举例来说就是第一张牌是 A♣、第二张牌是 K♥ 和第一张牌是 K♥、第二张牌是 A♣ 是两种不同的结果. 但是这里我们要更多地考虑这个问题的问法,其实这道题更加倾向于这两张牌是没有先后顺序的,所以这道题只是计算一次每个可能出现的情况,如 A♣K♥ 就只计算一次,如果要计算排列,那么每次出现的两张手牌的结果(如 A♣K♥)就要计算两次. 我们现在知道两张牌有 52×51 种不同的排列,那么两张牌的组合就有 $(52 \times 51)/2$ 种. 也就是说,不考虑两张牌的排列顺序的话,两张牌的组合有 $(52 \times 51)/2$ 种.

一般地,假设有 n 个不同的元素,从中取出指定个数 k 个元素,不考虑排序,这 k 个元素的所有组合的个数表示为 $C_n^k = n!/[k! \times (n-k)!]$. 从 52 张不同的牌中取出 2 张牌,这两张牌的组合数是 $C_{52}^2 = 52!/(2! \times 50!) = (52 \times 51)/2$. C_n^k 这个简单的缩写符号表示的是"从 n 个不同的元素中取出 k 个元素". 我们已经知道了乘法原理,从 n 个不同的元素中取出 k 个元素进行排序的排列数是 $n!/(n-k)!$,而 k 个元素有 $k!$ 种排列,每种排列中正好重复计算了 $k!$ 次,因此,从 n 中取 k 个元素的组合数为 $n!/[k! \times (n-k)!]$.

充分洗牌后,从这副牌中抽出的牌的组合的概率计算要涉及一个非常有用的规则:每个组合出现的可能性是相同的,每个排列出现的可能性也是相同的. 因此,许多概率问题就归结到:只要计算出相关的组合数或排列数即可.

例 2.4.1 在德州扑克中,发到的两张牌是一对 A 的概率是多少?

答案:注意到两张牌的每个组合发生的可能性是相同的,所以两张牌的组合就有 $C_{52}^2 = 1326$ 种. 而两张牌都是 A 的组合数为 $C_4^2 = 6$,因为一副牌中只有四张 A,从这些 A 中任意取出两张就能组成一对 A. 因此两张牌为一对 A 的概率为 $6/1326 = 1/221$.

例 2.4.2 在德州扑克中,发到的两张牌是 AK 的概率是多少?

答案:任意两张牌的组合数有 $C_{52}^2 = 1326$ 种,且发生的可能性相同,而其中的组合是 AK 的组合有多少种呢?A 的选择有四种,而每种 A 相对应的 K 的选择也有四种. 因此,根据乘法原理,AK 组合数是 16,注意:这种情况只有在两张牌的组合不考虑先后顺序的情况下才能成立. 在这道题中,我们要考虑的是 A 可选的数目，以及 K 可选的数目，而这两张牌每种情况都有四种选择. 所以两张牌为 AK 的概率为 16/1326 = 1/82.875.

例 2.4.3 现在我们回顾一下例 1.4.5，在第 1 章提出的 2006 年世界扑克锦标赛的情况下，瓦萨卡在转牌圈或是河牌圈能够组成同花的概率是多少？假设瓦萨卡和他的对手的牌都已经知道了.

答案：考虑到翻牌圈的三张公共牌以及 3 位玩家的共 6 张底牌都已经知道了，所以还剩下 43 张牌，这 43 张牌在转牌圈或是河牌圈出现的可能性都是相同的. 剩下的 43 张牌中有 8 张黑桃，35 张其他花色的牌. 因此转牌和河牌的组合数是 C_{43}^2，其中两张牌都没有黑桃的组合数是 C_{35}^2.

$$P(瓦萨卡的牌是同花) = P(河牌或转牌至少有一张的花色是黑桃)$$
$$= 1 - P(河牌和转牌的花色都不是黑桃)$$
$$= 1 - C_{35}^2/C_{43}^2$$
$$= 1 - 595/903$$
$$\approx 34.1\%$$

例 2.4.4 2008 年 WSOP 欧洲主赛场上出现了有意思的一把牌. 当时还剩下 11 位玩家. Chris Elliott 和 Peter Neff 全押，台面上的牌为 4♣3♣2♠5♠6♦ 组成了顺子，两位选手平分了底池. （两位玩家中的牌没有 7，也没有两张梅花：Elliott 的是 K♥Q♥，Neff 的是 Q♠Q♣）. 有一些人想知道，假设不知道玩家的牌，台面上的 5 张牌能组成顺子的概率是多少？

答案：这道题不需要考虑这 5 张牌的顺序. 因此，一副牌中的任意 5 张牌的组合数是 $C_{52}^5 = 2598960$，并且每种组合发生的可能性相同. 而在这些组合中有多少种组合是顺子呢？不看花色，5 张牌能组成顺子的种类有 10 种，分别是 A 2 3 4 5、2 3 4 5 6、…、9 10 J Q K 和 10 J Q K A. 每个种类中，最大的牌的花色有四种，最大牌的每一种花色中，对应于第二大的牌的四种花色，依次推导下去. 根据乘法原理，5 张牌是顺子的组合数就有 $10 \times 4 \times 4 \times 4 \times 4 \times 4 = 10240$ 种. 因此，台面上的 5 张牌能组成顺子的概率是 10240/2598960 ≈ 1/253.8，约为 0.394%.

在这个答案中，也包含了同花顺的情况. 如果要计算不包括同花顺在内的顺子的概率，只要把同花顺的情况排除就行了. 在 10240 种组合中，有 10×4 种（10 种数字的选择，4 种花色的选择）组合是同花顺的组合. 因此不包括同花顺在内的顺子的概率为 10200/2598960.

当计算各种类型的概率问题时，弄清楚计算的是排列还是组合很重要，尤其是在计算一些事件至少发生一次的概率. 在这种情况下, 将问题分解是较好的做法. 先计算事件恰好发生一次的概率, 再加上事件恰好发生两次的概率. 发生三次的概率等. 学生在计算这类问题时会感到迷惑, 他们往往计算第一次该事件发生的可能情况数乘以第二次事件发生的可能情况数. 但我们必须注意到, 通过这种方式将事件排序, 计算的是排列而非组合数. 而通过计算这些不同类型的概率, 会让学生逐渐弄清楚排列和组合之间的区别.

例 2.4.5 回顾一下例 2.1.2 中的深夜德州扑克节目. 菲尔·赫尔姆斯 (Phil Hellmuth) 只要看到两张底牌的一张是 A, 他就跟注. 现在提出一个问题: 如果不知道对手加文·史密斯 (Gavin Smith) 的牌, 那么赫尔姆斯手中至少有一张 A 的概率是多少?

答案: 这道题有很多种解法, 其中一种就是利用排列数. 赫尔姆斯手中的两张牌的排列数有 $52 \times 51 = 2652$ 种, 每种发生的可能性都是相同的, 因此问题就可以归结为简单计算两张牌中至少有一张是 A 的排列数. 另一种方法是利用组合数, 两张牌的组合有 $C_{52}^2 = 1326$ 种, 每个组合发生的可能性都是相同的, 于是问题再次归结为计算两张牌中至少有一张是 A 的组合数. 由于两张牌的组合数仅仅是排列数的一半, 虽然这两种方法其实是等价的, 但是利用组合来计算更加简单一点, 所以这道题我们使用组合来计算.

那么, 现在需要计算的就是两张牌中至少有一张是 A 的组合数. 在准确计算这道题之前, 让我们考虑一种比较简单的错误的解题方法: 很多学生在这道题的计算中会得出错误的结果, 认为两张牌至少有一张是 A 的组合数有 4×51 种. 这种解法的错误是: 一定要有一张 A, 这样就有 4 种选择, 无论拿到的是哪张 A, 再从剩下的牌中任意抽取一张, 都能满足至少有一张 A 的条件, 也就是说有 51 种选择. 其实这种解法的错误点在于它重复计算了赫尔姆斯有两张 A 的情况, 将某一张 A 放在第一个位置, 另一张放在第二个位置, 此时, 我们计算的是排列数而非组合数.

为了使这个问题更清楚, 考虑一下列举这 4×51 种组合数. 从梅花 A 开始列举: $(A\clubsuit, 2\clubsuit)$、$(A\clubsuit, 2\diamondsuit)$、$\cdots$、$(A\clubsuit, A\diamondsuit)$、$(A\clubsuit, A\heartsuit)$、$(A\clubsuit, A\spadesuit)$. 然后是方块 A: $(A\diamondsuit, 2\clubsuit)$、$(A\diamondsuit, 2\diamondsuit)$、$\cdots$、$(A\diamondsuit, A\clubsuit)$、$(A\diamondsuit, A\heartsuit)$、$(A\diamondsuit, A\spadesuit)$. 显然, 整个列举中有 $(A\clubsuit, A\diamondsuit)$ 和 $(A\diamondsuit, A\clubsuit)$, 但是由于我们计算的是组合数, 所以这两个组合其实是一样的, 只需要计算一次. 由此我们知道, 在 4×51 种组合数中, 每对 A 都被重复计算了两次.

现在, 我们用正确的方法来计算两张牌中至少有一张 A 的组合数. 一个有用的技巧就是先计算只有一张 A 的组合, 然后计算两张都是 A 的组合. 例如, 假设我们计算的是组合数，两张牌正好只有一张 A 的组合就是 $4 \times 48 = 192$ 种. A 有四种选择，对于每一种 A 的选择，都有剩下的 48 张非 A 的牌可供选择. 每种选择，例如 $(A\spadesuit, 7\heartsuit)$，对应于正好有一个 A 的组合，该组合唯一. 现在，我们考虑两张牌都是 A 的组合数. 其实很简单，这个组合数就是 $C_4^2 = 6$，因为 C_4^2 表示的是从四个不同元素中拿出两个的组合数，这个元素就是 A. 这两种组合很容易列举：$(A\clubsuit, A\diamondsuit)$、$(A\clubsuit, A\heartsuit)$、$(A\clubsuit, A\spadesuit)$、$(A\diamondsuit, A\heartsuit)$、$(A\diamondsuit, A\spadesuit)$、$(A\heartsuit, A\spadesuit)$. 所以两张牌至少有一张 A 的组合数就是 $192 + 6 = 198$. 应注意的是错误的解法解出的组合数是 $4 \times 51 = 204$，而不是 198，因为错误的解法计算了两张 A 的组合数两次.

这道题也可以利用排列计算. 考虑两张牌的顺序，例如 $[A\diamondsuit, 7\heartsuit]$ 表示的就是第一张牌是 $A\diamondsuit$，第二张牌是 $7\heartsuit$. 根据基本的计算原理，存在的排列数有 $52 \times 51 = 2652$ 种，这些排列发生的可能性是相同的. 但是其中有多少种是至少一张 A 的排列呢？有一种情况是第一张牌是 A，第二张牌可以是剩下的 51 张牌中的任意一张，所以至少有一张 A 的排列就有 $4 \times 51 = 204$ 种；另一种情况是第一张牌不是 A，第二张牌是 A，在一副牌中有 48 张非 A 的牌，所以这种情况下的排列就有 $48 \times 4 = 192$ 种. 综上所述，两张牌至少有一张牌是 A 的排列数是 $204 + 192 = 396$ 种. 所以概率就是 $396/2652 = 198/1326$.

在本书的剩余部分，我们会继续使用中括号，如 $[A\diamondsuit, 7\heartsuit]$ 表示排列，圆括号，如 $(A\diamondsuit, 7\heartsuit)$ 表示组合.

例 2.4.6 回顾第 1 章中描述的 2006 年世界扑克锦标赛，杰米·高德（有 6000 万筹码）跟注，保罗·瓦萨卡（1800 万筹码，底牌是 $8\spadesuit 7\spadesuit$）跟注，迈克尔·宾格（1100 万筹码）加注到 150 万，高德和瓦萨卡跟注. 翻牌是 $6\spadesuit$、$10\clubsuit$ 和 $5\spadesuit$，瓦萨卡过牌. 宾格下注 350 万，高德全押. 瓦萨卡面临着艰难的抉择，他选择了弃牌. 很多人对此很疑惑，因为无论对手的牌是什么，瓦萨卡有很大的可能赢得这副牌（我们在 4.3 节中还会讨论这个争论）. 从瓦萨卡的角度看，瓦萨卡最糟糕的情况就是他的对手手中的牌是 $9\spadesuit 4\spadesuit$ 或 $9\heartsuit 9\diamondsuit$. 在这最糟糕的情况下，瓦萨卡赢得这把牌的概率是多少呢？

答案：首先，因为玩家手中的 6 张牌和三张翻牌已经从一副牌中取出了，所以转牌和河牌就只能从剩下的 43 张牌中取得. 从 43 张牌中抽取 2 张作为转牌和河牌的组合有 $C_{43}^2 = 903$，并且这些组合发生的可能性都是相同的. 而在这些组合中有多少种能让瓦萨卡获胜呢？他需要的转牌和河牌是 $(8, 8)$、$(7, 7)$、$(4, 4)$、$(4, x)$ 或是 $(9, y)$，x 表示的是除了 4 和黑桃外的任意一张牌，y 表示的是除了 4、5、6、9、10 或黑桃外的任意一张牌. 两张牌都是 8 的组合有 $C_3^2 = 3$ 种，分别是（8♣，8♦），（8♣，8♥），（8♦，8♥）．两张牌都是 7，两张牌都是 4 的组合也分别有 3 种．根据乘法原理，两张牌是（4，x）的组合有 $3 \times 33 = 99$ 种，其中牌 4 的选择有 3 种，对于每一个 4，对应 x 的选择有 33 种．同样的，剩下的 43 张牌中，有 7 张是黑桃的牌，其他 12 张是数字 4、5、6、9、10 非黑桃花色的牌，所以 y 就有 $43 - 7 - 12 = 24$ 种．因此，转牌和河牌是（9，y）的组合数有 1×24 种．加上上面各种情况的组合数，就得到了能使瓦萨卡赢得这把牌的转牌和河牌的组合数，$3 + 3 + 3 + 99 + 24 = 132$．于是瓦萨卡获胜的概率就是 $132/903 \approx 14.62\%$．

例 2.4.7 上一题中的保罗·瓦萨卡底牌是 8♠7♠，翻牌是 6♠、10♣、5♠．瓦萨卡弃牌后，宾格跟注，他的牌是 A♥10♥．高德有 4♠3♣．假设只知道翻牌和三位玩家的底牌，如果瓦萨卡和宾格都跟注了，瓦萨卡的牌大过其他两位玩家的牌的概率是多少？

答案：要注意的是，在计算时要避免重复计算组合数．下表中列举了瓦萨卡获胜的转牌和河牌的组合情况．表中第一行的星号表示的是我们希望计算的是除了（2♠3♠）和（A♠10♠）以外的黑桃组合的组合数，（2♠3♠）和（A♠10♠）组合能使得高德用同花顺获胜或是宾格用葫芦获胜．在表格中，a♠表示的是剩余的牌中除了 10♠或 A♠以外的黑桃牌，b 表示的是剩余牌中非黑桃的牌，c 代表的是除了 5、6、10、A 或是黑桃以外的牌，d 表示的是除了 10、A 或是黑桃以外的牌，$9e$ 表示的是除了 9♠以外的任意 9，f 表示除了 4 以外的非黑桃的牌，g 表示的是除了 4 或 9 以外的非黑桃的牌．剩余的 43 张牌中，8 张是黑桃的，35 张是非黑桃的牌．例如，表格中的第二行，除了 10♠和 A♠，还剩下 $8 - 2$ 张黑桃牌，对于每一个 a♠的选择，都有 35 张非黑桃的牌与之相对应．所以根据乘法原理，a♠b 的组合数有 6×35 种．

无序的河牌和转牌结果	相应的组合数
♠ ♠ *	$C_8^2 - 2 = 26$
a♠b	$6 \times 35 = 210$
10♠c	$1 \times 26 = 26$
A♠d	$1 \times 32 = 32$
4 4	$C_3^2 = 3$
$9e$ $9e$	$C_3^2 = 3$
4 f	$3 \times 32 = 96$
$9e$ g	$3 \times 29 = 87$
8 8	$C_3^2 = 3$

将表格右方的组合数相加，能使得瓦萨卡获胜的转牌和河牌的组合数是 486 种. 而转牌和河牌可能的组合总数为 $C_{43}^2 = 903$ 种，所以瓦萨卡能获胜的概率是 $486/903 \approx 53.82\%$.

顺带说一句，在这次比赛中，转牌和河牌是 7♣ 和 Q♠，因此高德赢得了底池，不久又成了这届的冠军，同时也获得了扑克锦标赛历年的最高奖金：1200 万美元. 但是如果瓦萨卡跟注了，他的牌就组成了同花，那么他就赢得了这次比赛的巨额底池.

例 2.4.8 第二季的高筹码扑克赛上，有一个回合是：格斯·汉森（Gus Hansen）的底牌是 5♦5♣，丹尼尔·内格里诺（Daniel Negreanu）是 6♠6♥，台面上的牌是 9♣6♦5♥5♠8♠. 在河牌圈，汉森全押，内格里诺在决定跟注之前，说道："如果我这把牌输了，这绝对是一个冷门". 这句话的意思是他手中的牌非常大，如果在这种情况下还输了的话，只能说是运气太不好了. 有人可能会问：如果不知道对手的底牌和公共牌的情况下，自己手中的牌能组成四条的概率是多少？（为了使这个问题问得更加严谨，假设不会弃牌，会看到所有的五张公共牌.）

答案：这种类型题的答题技巧是考虑将 7 张牌（2 张底牌和 5 张公共牌）看作是一个集合，不考虑牌的顺序，不区分底牌和公共牌. 7 张牌的组合有 $C_{52}^7 = 133784560$ 种，并且发生可能性相同，在这些组合中，有多少个包含四条的组合呢？对于这个问题，我们可以使用乘法原理：4 张同点值的牌的选择有 13 种，对于每种这样的选择，剩下的 3 张牌的选择有 $C_{48}^3 = 17296$ 种，所以 7 张牌中包含有 4 张同点值的牌的组合就有 $13 \times 17296 = 224848$ 种. 因此拿到 4 条的概率就是 $224848/133784560 = 1/595$. （值得注意的是在这种情况下，包含了 4 张同点值的牌出现在公共牌中的情况，严格来说，这也是组成四条的情景.）

例 2.4.9 假设你的底牌是 AK，目前只有这个信息，并且你会继续看剩下的五张公共牌，那么五张公共牌中至少会有一张 A 或是一张 K 的概率是多少？

答案：这道题的解题方法之一就是计算这个事件的补集的概率. 根据概率的公理 2，一个事件的概率等于 1 减去这个事件补集的概率. 这个问题中的补集就是公共牌中不包含任何 A 和 K 的事件. 现在有 50 张牌可以选择，所以台面上出现的 5 张牌的组合就有 C_{50}^5 种，每种情况发生的可能性相同. 在这 50 张牌中，有

44 张牌既不是 A 也不是 K，所以 5 张牌不包括任何 A 和 K 的组合就有 C_{44}^5 种，所以五张牌中至少包含一张 A 或是一张 K 的概率为 $1 - C_{44}^5/C_{50}^5 \approx 48.74\%$．

例 2.4.10 在德州扑克的一个单挑回合中，每个玩家至少能拿到一张 A 的概率是多少？

答案：这个问题要利用概率的公理 2．P（每个玩家至少有一张 A）$= 1 - P$（玩家 A 没有点值为 A 的牌或是玩家 B 没有点值为 A 的牌）$= 1 - [P$（玩家 A 没有点值为 A 的牌）$+ P$（玩家 B 没有点值为 A 的牌）$- P$（玩家 A 和玩家 B 都没有点值为 A 的牌）$] = 1 - (C_{48}^2/C_{52}^2 + C_{48}^2/C_{52}^2 - C_{48}^4/C_{52}^4) = 1/57.5 \approx 1.74\%$

例 2.4.11 假设无论你拿到的是什么底牌，你一定会看下一手的翻牌，那么你能组成葫芦的概率是多少呢？

答案：和例 2.4.7 一样，本题的主要解题思路是考虑 5 张牌（2 张底牌和 3 张翻牌）的所有组合，不区分五张牌是底牌还是翻牌．所以五张牌的组合就有 $C_{52}^2 = 2598960$ 种，每种情况发生的可能性都相同．为了计算 5 张牌能组成葫芦的组合数，现在设事件 1、2、3、4 分别表示 3 张同点值牌的点值数、3 张同点值牌的花色、两张等值牌的点值数、两张等值牌的花色．事件 1 有 13 种结果，对于每个结果，3 张同点值牌的花色的组合有 C_4^3 种结果．对于每个三张同点值牌的组合，事件 3 有 12 种选择，对于每种选择，事件 4 有 C_4^2 种结果．根据乘法原理，我们可以得到组成葫芦的组合数有 $13 \times C_4^3 \times 12 \times C_4^2 = 3744$ 种，五张牌能组成葫芦的概率就是 $3744/2598960 \approx 1/694.17$．

例 2.4.12 悬念最小的胜利，假设你的底牌是一对 A，你对手的是 6♠2♠．翻牌的前两张已经发了，也是一对 A．在这种情况下，你的对手能获胜的概率是多少？

答案：一副牌中已经抽出了 6 张牌（你的 2 张 A 的底牌，对手的 6♠2♠，以及翻牌的一对 A），所以还剩下 46 张牌．对手要获胜，他的三张台面牌一定要是 3♠、4♠、5♠，当然这些牌没有先后顺序之分．考虑到 3 张公共牌的组合，只有一种组合能使对手获胜．3 张公共牌的组合数有 $C_{46}^3 = 15180$ 种，每种情况发生的可能性相同．因此 P（对手获胜）$= 1/15180$．

例 2.4.13 第七季的高筹码扑克赛上，有一回合是：杰森·默西尔（Jason Mercier）的底牌是 9♥8♣，加注；朱利安·莫夫塞西安（Julian Movsesian）的底牌是 A♣9♠，跟注；比尔·佩金斯（Bill Perkins）的底牌是 5♦5♣，跟注．当翻牌出现了 2♥2♠3♠时，主办方诺姆·麦克唐纳德（Norm Macdonald）说：

"一对 5 是最大对子的概率是多少呢?"

答案:比 5 小的牌一共有 12 张,你现在不知道对手的牌,翻牌圈中,在剩余的牌中选出 3 张翻牌的组合数是 C_{50}^3 种,且每种情况发生的可能性相同.所以 3 张翻牌都小于 5 的概率就是 $C_{12}^3/C_{50}^3 \approx 1/89.1 \approx 1.12\%$.

例 2.4.14 假设有 10 位玩家参加德州扑克比赛,前九位玩家中,至少有一位玩家的手牌中有一张 A,现在考虑第一位有一张 A 的玩家紧接着的那位玩家手中的牌是 A♠A♥的概率是多少?

答案:这道题和例 2.3.4 有一些不同,前九位玩家中有一位手中的牌有一张 A,这个信息会轻微地影响到下一位玩家手牌是 A♠A♥的概率.回顾在例 2.3.4 中,一副牌的排列数有 52! 种.前九位玩家如果都没有 A 的话,这 18 张牌的组合数就是 C_{48}^{18} 种;而对于每个这样的组合,这 18 张牌的排列数又有 18! 种,剩余的 34 张牌的排列数有 34! 种.因此,满足前九位玩家中至少有一位手中有一张 A 的条件的一副牌排列数为 $52! - C_{48}^{18} \times 18! \times 34!$ 种,每种情况发生的可能性相同.因此,我们的目标是计算出在这些组合中,有多少种满足第一位有一张 A 的玩家紧接着的玩家的手牌是 A♠A♥(或是 A♥A♠)的组合.

正如在例 2.3.4 中讲到的那样,我们现在假设暂时把 A♠ 和 A♥ 从一副牌中抽出来.根据上一段的基本原理,满足前九位玩家至少有一位手中有一张 A 的条件的剩余 50 张牌的排列数是 $50! - C_{48}^{18} \times 18! \times 32!$ 种.对于每个这样的排列,有且仅有一个位置可以插入 A♠ 和 A♥,这样在第一位有一张 A 的玩家后面,紧接着的玩家就可以是 A♠A♥.而对于前九位玩家中某人有一张 A,紧接着的玩家有 A♠A♥ 这样一副牌的每种排列,可以移除 A♠A♥,这样就形成了至少有一位玩家有一张 A 的剩余 50 张牌的一个唯一的对应排列.也就是说前九位玩家中至少有一位玩家有一张 A 的 50 张牌的排列与前九位玩家中某人有一张 A,紧接着的玩家有 A♠A♥ 的 52 张牌的排列之间是一一对应的关系.而 A♠A♥ 的排列有两种,分别是(A♠,A♥)和(A♥,A♠),因此最终满足条件的排列数就是 $(50! - C_{48}^{18} \times 18! \times 32!) \times 2$ 种.因此本题的概率就是 $2 \times (50! - C_{48}^{18} \times 18! \times 32!)/(52! - C_{48}^{18} \times 18! \times 34!) = 1/1846$,其中 $1/C_{52}^2 = 1/1326$,一般来说前十八张牌中出现了一张 A,那么下一位选手有一对 A 的可能性就减小了.

注意到如果我们将这个问题进行微小的改动,将其改为事先并不知道前十八张牌中有一张 A,这个问题其实就可以更加简化.例如,如果庄家一直发牌,直到玩家中第一次出现一张 A,下一位玩家是 A♠A♥的概率就是 $2 \times 50!/52! =$

$1/C_{52}^2 = 1/1326$.

例 2.3.4 和例 2.4.14 与谢尔顿·罗斯（Sheldon Ross）的《概率论引论》一书中的一个例题很相似. 罗斯的例题是这种的, 庄家每次发一张牌直到发到一张 A 为止, 计算下一张牌是黑桃 A 的概率. 正如在例 2.3.4 中提到的一样, 假设先将 A♠ 从一副牌中移除, 然后马上将它插入剩余的 51 张牌的第一张 A 的后面, 这样就获得了满足条件的一个唯一排列, 剩余 51 张牌的排列有 51! 种情况, 每种情况对应于 A♠ 在一张 A 后面的唯一组合. 所以第一个 A 出现后紧接着是 A♠ 的概率是 51!/52! = 1/52.

例 2.4.15 在第七季的高筹码扑克比赛中, 有一回合是: 比尔·克莱因（Bill Klein）先试着下注 1600 美元, 盲注是 400 美元和 800 美元, 8 位玩家的下注筹码则是 200 美元. 现在没人看牌, 底池的筹码已经有 3600 美元. 戴维·皮特（David Peat）和多伊尔·布伦森（Doyle Brunson）跟注, 凡妮莎·塞巴斯特（Vanessa Selbst）弃牌, 巴里·格林斯坦（Barry Greenstein）底牌是 A♣Q♦, 加注到 10000 美元. 安东尼奥·埃斯凡迪亚里（Antonio Esfandiari）和罗伯特·克罗克（Robert Croak）弃牌, 菲尔·拉芬（Phil Ruffin）跟注, 比尔·克莱因的底牌是 A♥K♣, 全押. 格林斯坦还剩下 56200 美元的筹码, 尽管其他玩家都弃牌了, 他却决定跟注. 如果现在只知道格林斯坦和克莱因的底牌, 那么他们两个分摊底池的概率是多少?

答案: 这个问题看上去很复杂, 其实我们可以把它归为几个部分来解题. 已经知道了选手的底牌, 那么五张公共牌的组合数就有 $C_{48}^5 = 1712304$ 种, 如果我们假设这些组合发生的可能性相同, 那么要解出这个题目的答案就只有计算出在这些组合中有多少是满足分摊底池条件的组合. 有一种方法是先计算出两人手中是相同的同花顺的组合数有多少, 然后计算出两人手中是相同的四条的组合数, 依此类推.

a）同花顺（29 种组合）

以相同的同花顺的结果来分摊底池的组合有多少呢? 这种情况要发生的话, 就一定会是台面上的公共牌组成同花顺, 并且不能由底牌加入组成. 所以有 10 组黑桃的同花顺, 6 组梅花的同花顺（23456 一直到 78910J）, 6 组方块的同花顺（A2345, 23456, 34567, 45678, 56789, 678910）, 7 组红桃同花顺. 所以用同花顺来分摊底池的组合就有 10 + 6 + 6 + 7 = 29 种.

b）四条（440 种）

四条的组合有 10 × 44 = 440 种. 如果要分摊底池, 四张同点值的牌点值数可以为 2、3、4、…、J，有 10 种选择. 对于每种选择，还剩下 44 种可选的牌.

c) 葫芦（7969 种）

有几种不同的可以组成葫芦的情况.（ⅰ）公共牌组成的葫芦不包括 Q 或是 K；（ⅱ）3 张同点值的牌以及一张 A，但不是 3 张 Q 或是 3 张 K；（ⅲ）台面上可以有一对 A，另外一对点值要小于 Q，牌中没有 Q 或是 K；（ⅳ）AAQQx 或是 AAKKy，其中 x 是指除了 Q 和 K 以外的任意牌，y 指的是除了 K 以外的任意牌. 我们接下来分别计算这些类别可能有的种类数.

（ⅰ）2200 种. 不包含 Q 或 K 的公共牌组成的葫芦组合数 $= 10 \times C_4^3 \times (9 \times C_4^2 + 1) = 2200$，因为三条的选择有 10 种，对于每一种选择，这个三条的花色又有 C_4^3 种选择；对于每一种三条的选择，每一对点数（点数是 J 或是小于 J）和花色的选择又有 $9 \times C_4^2$ 种选择，再加上一对 A 的 1 种选择.

（ⅱ）3360 种. 公共牌中有三条但不是 3 张 Q 或是 3 张 K，并且有一张 A 而不是两张 A（该种情况在第 ⅰ 部分已计算）的公共牌组合数 $= 10 \times C_4^3 \times 2 \times 42 = 3360$，因为三条的点值有 10 张选择，对于每个选择，这三条的花色又有 C_4^3 种选择；对于每一个三条的选择，A 的选择有 2 种，另外一张牌的选择就有 42 种.

（ⅲ）2160 种. 五张公共牌中有一对 A，另外一对的点值比 Q 小（这一对不能是三条，因为这样的组合已经在（ⅰ）部分计算了），剩下的一张单牌不能是 Q 和 K，这样的组合数有 $1 \times 10 \times C_4^2 \times 36 = 2160$ 种，因为一对 A 可选的选择就只有 1 种，另外一对可选的点值和花色为 $10 \times C_4^2$ 种，对于每个这样的组合，剩下的一张单牌不能是 A、K、Q 或是公共牌中的那一对的点值，所以单牌就只有 36 种选择.

（ⅳ）249 种. 如果 x 不等于 Q 或 K，并且 y 不等于 K，能够组成 AAQQx 或 AAKKy 的公共牌的组合数 $= 1 \times C_3^2 \times 40 + 1 \times C_3^2 \times 43 = 129$，因为一对 A 只有 1 种选择，Q 或是 K 的花色的选择有 C_3^2 种，x 的选择有 40 种，y 的选择有 43 种.

因此，两位玩家都有葫芦而分摊底池的公共牌的组合数就有 $2200 + 3360 + 2160 + 249 = 7969$ 种.

d) 同花（1277 种）

同花比较容易计算出来. 注意到玩家的最小的牌是 Q 和 K，并且底牌不能参与构成，不能组成花色是梅花、方块或是红桃的同花（除了同花顺的情况），否则就可能造成不能分摊底池的情况. 所以我们只需要计算出五张牌都是黑桃但不是同花顺的组合数, 这种组合数有 $C_{13}^5 - 10 = 1277$ 种.

e) 顺子 (18645 种)

计算出顺子的情况是比较简单的, 但是要计算出一位或是两位玩家不是同花的顺子的组合数是比较困难的. 注意到公共牌的顺子最大的点值不能是 J 或 Q, 否则玩家就能利用手中的 Q 或者 K 来组成更大的顺子, 两位玩家就不能分摊底池了. 只要两位玩家的牌都不能组成同花, 两位玩家就可以使用相同的顺子分摊底池, 如公共牌中包含 2345 或是 KQJ10. 因为重复计算例如 22345 的组合很容易, 所以计算组合类型 $2345x$ ($x \neq 2$、3、4、5) 很方便, 可以很容易地从中排除 $2345x$ ($x = 2$、3、4、5) 的类型.

与情况 c) 一样, 我们把这道题也分成几种情况. (i) 公共牌的顺子中点值最高的不是 J 或 Q 并且两位玩家都不能组成同花; (ii) 公共牌的组合类型是 $KQJ10x$ ($x \neq A$、K、Q、J、10、9), 并且两位玩家都不能组成同花; (iii) 公共牌的组合类型是 $KQJ10y$ ($y = K$、Q、J、10), 并且两位玩家都不能组成同花; (iv) 公共牌的组合类型是 $2345z$ ($z \neq A$、2、3、4、5、6), 并且两位玩家都不能组成同花; (v) 公共牌的组合类型是 $2345w$ ($w = 2$、3、4、5), 并且两位玩家都不能组成同花.

(i) 6207 种. 公共牌的顺子中点值最高的不是 J 或 Q 并且两位玩家都不能组成同花的组合列举如下: 首先考虑公共牌的顺子是 A2345, 这样的组合数有 $2 \times 4 \times 4 \times 4 \times 4$ 种, 其中 5 张都是梅花的组合有 0 种, 有且只有四张梅花的组合有 2 种, 5 张都是方块的组合有 1 种, 有且只有四张方块的组合有 $1 + C_4^3 \times 3 = 13$ 种, 五张红桃的组合有 0 种, 有且只有四张红桃的组合有 2 种, 五张都是黑桃的组合有 1 种. 有且只有四张方块的组合有 $1 + C_4^3 \times 3$ 种, 因为 1 对应的就是组合 A♠2♦3♦4♦5♦, $C_4^3 \times 3$ 对应的情况就是公共牌中有一张 A♦, 从剩下的 4 张中选出 3 张为方块, 另外一张牌可以是梅花、红桃或是黑桃. 注意到我们不需要减去有且只有四张黑桃的组合数, 因为两位玩家都不可能拿到第五张黑桃的牌来组成顺子. 因此公共牌的顺子是 A2345 但不是同花或同花顺的组合数就有 $2 \times 4^4 - 2 - 1 - 13 - 2 - 1 = 493$ 种.

现在考虑 23456 的顺子组合, 该组合数有 4^5 种. 在这些组合中, 又有 4 种是同花顺, $C_5^4 \times 3$ 种有且仅有四张梅花的组合, $C_5^4 \times 3$ 种有且仅有四张方块的组合, $C_5^4 \times 3$ 种有且仅有四张红桃的组合. 因此, 23456 顺子的组合数就有 $4^5 - 4 - 3 \times C_5^4 \times 3 = 975$ 种. 组合类型为 34567、45678、56789、678910 的满足条件的组合数也是用相同的方法计算，有 975 种.

对于 910JQK，有 $4 \times 4 \times 4 \times 3 \times 3$ 种组合，其中五张都是梅花的组合有 0 种，四张梅花的组合有 1 种，五张方块的组合有 0 种，四张方块的组合有 1 种，五张红桃的组合有 1 种，四张红桃的组合有 $C_5^4 \times 3$ 种，五张黑桃的组合有 1 种，因此，满足条件的组合就有 $4 \times 4 \times 4 \times 3 \times 3 - 1 - 1 - 1 - C_5^4 \times 3 - 1 = 557$ 种.

最后，对于 10JQKA，有 $4 \times 4 \times 3 \times 3 \times 2$ 种组合，其中五张梅花的组合有 0 种，四张梅花的组合有 0 种，五张方块的组合有 0 种，4 张方块的组合有 3 种，5 张红桃的组合有 0 种，四张红桃的组合有 2 种，五张黑桃的组合有 1 种. 所以满足条件的组合数有 $4 \times 4 \times 3 \times 3 \times 2 - 3 - 2 - 1 = 282$ 种.

所以，公共牌的顺子中点值最高的不是 J 或 Q 并且两位玩家都不能组成同花的组合数为 $493 + 5 \times 975 + 557 + 282 = 6207$ 种.

（ii）3885 种. 组合类型为 KQJ10x（$x \neq$ A、K、Q、J、10、9）的组合数为 $3 \times 3 \times 4 \times 4 \times 28$. 其中，五张都是梅花的组合有 0 种，四张梅花的组合有 3×7 种（因为有 3 张非梅花的 K 和 7 张梅花的 x），五张方块的有 0 种，四张方块的组合有 3×7 种，五张红桃的组合有 7 种，四张红桃的组合有 $7 \times (2 + 2 + 3 + 3 + 3)$，五张黑桃的组合有 7 种. 所以组合类型为 KQJ10x 并且不能组成同花或是同花顺的组合数有 $3 \times 3 \times 4 \times 4 \times 28 - 3 \times 7 - 3 \times 7 - 7 \times (2 + 2 + 3 + 3 + 3) - 7 = 3885$ 种.

（iii）710 种. 计算组成 KKQJ10、KQQJ10、KQJJ10 或者是 KQJ1010 但不构成同花的组合数. 首先，注意到这些组合都不可能有五张同样花色的公共牌，也不可能有四张梅花或是四张方块的公共牌，因为 K♣ 和 Q♦ 都在底牌中. 所以唯一可能的同花就是红桃. 组成 KKQJ10 的组合数有 $C_3^2 \times 3 \times 4 \times 4$ 种，在这些组合中，四张红桃的公共牌组合有 2 种. 同样，KQQJ10 的组合数有 $3 \times C_3^2 \times 4 \times 4$ 种，其中四张红桃的公共牌组合有 2 种. KQJJ10 的组合数有 $3 \times 3 \times C_4^2 \times 4$ 种，四张红桃的组合有 3 种. KQJ1010 的组合有 $3 \times 3 \times 4 \times C_4^2$ 种，四张红桃的组合有 3 种. 所以满足条件的组合有 $C_3^2 \times 3 \times 4 \times 4 - 2 + 3 \times C_3^2 \times 4 \times 4 - 2 + 3 \times 3 \times C_4^2 \times 4 - 3 + 3 \times 3 \times 4 \times C_4^2 - 3 = 710$.

（iv）6343 种. 公共牌的牌型为 2345z（$z \neq$ A、2、3、4、5、6）的组合数为 $4^4 \times 26$ 种. 其中，公共牌五张都是梅花的组合有 6 种，四张梅花的是 $20 + 6 \times C_4^3 \times 3$ 种（因为 z 的花色不是梅花的选择有 20 种；如果 z 是 7 到 Q 之间的 6 张梅花牌中的一张的话，其他公共牌就有 $C_4^3 \times 3$ 种选择），五张方块的组合有 6 种，四张方

块的组合有 $20+6\times C_4^3\times3$ 种，五张红桃的组合有 7 种，四张红桃的组合有 $19+7\times C_4^3\times3$ 种，五张黑桃的组合有 7 种．所以牌型为 2345z（$z\neq$A、2、3、4、5、6）并且玩家不能组成同花或是同花顺的组合数有 $4^4\times26-6-(20+6\times C_4^3\times3)-6-(20+6\times C_4^3\times3)-7-(19+7\times C_4^3\times3)-7=6343$ 种．

（ⅴ）1500 种．公共牌的牌型为 22345 的组合数有 $C_4^2\times4^3$ 种，其中，五张公共牌是同花色的组合有 0 种，四张是梅花的组合有 3 种，四张是方块的组合有 3 种，四张是红桃的组合有 3 种．所以牌型为 22345 并且玩家不能组成同花或是同花顺的组合数就有 $C_4^2\times4^3-9=375$ 种．用同样的方法可以计算出牌型为 23345、23445 和 23455 的组合数．所以全部组合数就有 $4\times375=1500$ 种．

因此，玩家手中的牌是顺子而分摊底池筹码的组合数有 $6207+3885+710+6343+1500=18645$ 种．

f）两对（51840 种）

公共牌中有两对，并且对子的点值不是 Q、K 或是 A 的组合数有 $C_{10}^2\times C_4^2\times C_4^2\times32=51840$ 种．两对的点值有 C_{10}^2 种选择，对于每种这样的选择，点值较大的一对牌的花色有 C_4^2 种选择，点值较小的一对牌的花色有 C_4^2 种选择，剩下的单张牌有 32 种选择，因为它的点值不能是两个对子的点值，也不能是 Q、K 或 A．

现在，已经没有其他的可能情况了．因为他们的底牌很大，如果每个玩家的最好的五张牌是三条或是一对或是没有对子的情况都是不可能的．因此，能使玩家分摊底池筹码的五张公共牌的组合数有 $29+440+7969+1277+18645+51840=80200$ 种，概率就是 $80200/C_{48}^5\approx1/21.35\approx4.684\%$．

在这次比赛中，实际台面上的公共牌为 2♥10♠7♣2♦7♠，由此两位玩家分摊了底池筹码．

 习　题

习题 2.1 丹·哈林顿（Dan Harrington）和比尔·罗伯特（Bill Robertie）（2005）两位作者在《哈林顿玩德州扑克》第 2 卷中说道："有时候在锦标赛的最后一个回合中，如果盲注足够大，那么无论底牌是什么，都要全押．假设现在只有五个玩家，在某一回合中，五个玩家都没有看底牌就全押了，那么玩家 A 的底牌能获胜的概率是多少？

习题 2.2 网站 http://www.freepokerstrategy.com 在 2008 年贴出了一个线上策略，认为如果底牌是 AK、AQ、AJ、A10 或是任何一个对子，那么就全押，如果底牌是其他的牌的话就弃牌.（这个网站将这个策略称作"战无不胜的德州扑克策略".）那么能拿到这些底牌（AK、AQ、AJ、A10 或是任何一个对子）的概率是多少？

习题 2.3 在《教你玩扑克》一书中，菲尔·赫尔姆斯（Phil Hellmuth）建议初学者，只有当底牌是 AA、KK、QQ 或是 AK 的时候，才继续玩下去. 那么能拿到这些底牌（AA、KK、QQ 或 AK）的概率是多少？

为了方便，习题 2.4 ~ 2.9 都假设你不弃牌.

习题 2.4 在翻牌圈就能组成同花顺的概率是多少？

习题 2.5 假设你有口袋对子（两张等值的底牌），其他玩家的底牌并不知道，那么在翻牌圈后你能组成四条的概率是多少？

习题 2.6 在翻牌圈后就能组成同花（包括同花顺在内）的概率是多少？

习题 2.7 在翻牌圈后就能组成 A 为最大点值的同花的概率是多少？（包括以下情况：A 在公共牌中而不在底牌中.）

习题 2.8 假设你的底牌是同花色的，那么在五张公共牌都拿到后，能组成同花的概率是多少？（注意这个概率包括以下情况：五张公共牌的花色是相同的，即使花色和你的两张底牌不相同.）

习题 2.9 在翻牌圈后就能组成两对（两对加上一个杂牌）的概率是多少？（注意这个概率的计算包括以下情况：你的底牌有一对，翻牌中有另外一对和底牌点值不同的对子.）

习题 2.10 如果三张公共牌（翻牌）的花色都不同，那么就称之为**彩虹翻牌**. 并不知道玩家手牌的信息，那么一个给定的翻牌是彩虹翻牌的概率是多少？

习题 2.11 在第四季的高筹码扑克比赛中，有一个回合是：杰米·高德

（Jamie Gold）的底牌是 10♦7♠，萨米·法哈（Sammy Farha）的底牌是 Q♦Q♠．翻牌是 9♦8♥7♣，高德全押，法哈跟注．假设没有其他弃牌对手的任何信息，高德能获胜的概率是多少？（注意：如果转牌和河牌是一张 6 和一张 10 的话，那么底池就要平分．而平分底池这种情况并不能算在高德获胜的概率之中．）

习题 2.12 ~ 2.14 中的人头牌是指 K、Q 或 J．

习题2.12 你的两张底牌都是人头牌的概率是多少？

习题2.13 你的两张底牌是一对人头牌的概率是多少？

习题2.14 你的底牌都是人头牌但不是一对的概率是多少？

习题2.15 假设你的底牌是 A♣K♣，并且全押．并不知道你的对手的底牌的信息，拿到五张公共牌后，你最终能组成皇家同花顺的概率是多少？

习题2.16 假设你有口袋对子，在翻牌圈后，你能组成三条或是葫芦的概率是多少？（注意这个概率包括以下情况，例如你的底牌是 77，翻牌是 333．）

习题2.17 能凑成一组最好的牌，使得台面上不存在比这组牌更好的牌，那么这组牌就称为**坚果牌**．假设你现在的底牌是 K♣J♦，并不知道对手的底牌或是翻牌，那么在翻牌圈，你的牌是坚果牌的概率是多少？

习题2.18 根据扑克牌组合的大小排序，你最差的手牌会是什么？但是在河牌圈后，手牌中的一组牌是坚果牌．（提示：包括台面上的公共牌和你的两张底牌）

习题2.19 在第六季高筹码扑克比赛的一场回合中，本沙明（Benyamine）加注到4200 美元后，菲尔·甘福德（Phil Galfond）再加注到16000 美元，他其实是在诈牌，因为他的底牌是 K♥5♦，依利·艾莱萨（Eli Elezra）的底牌是 K♦K♣，再次加注到 40500 美元．本沙明弃牌，甘福德却竟然跟注．翻牌是 9♦9♣K♠．这时，假设只知道两个玩家的底牌以及发出的翻牌，甘福德能够获胜的概率是多少？两个玩家能够分摊底池筹码的概率是多少呢？（在真正的赛场上，在翻牌发出后，艾莱萨下注 33000 美元，甘福德跟注．转牌是 9♠．两位玩家都过牌. 河牌是 Q♠. 艾莱萨下注 110000 美元, 甘福德的牌是葫芦, 但是仍然弃牌了.)

习题 2.20 在翻牌圈就能拿到**牢不可破的坚果牌**的概率是多少? 这个名词的定义见附件 2. 并假设你已经看过翻牌了.

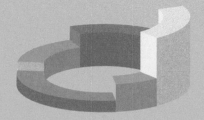

3 条件概率和事件的独立性

在这一章中，我们讨论有关给定条件下影响概率计算的相关问题．在扑克游戏和其他应用问题中常常涉及这种条件概率．如果已经发生的事件并不影响未来事件的发生概率，那么我们就称这两个事件是相互独立的．但是这种情况很少出现在德州扑克的一个回合之中，因为一副牌是固定的，当发出一张牌后是不能重新洗牌的，所以一张或是多张牌的出现很大程度上会影响剩下的牌的分布．但是，因为每个回合之间都要重新洗牌，所以一个回合出现的手牌和另外一个回合出现的手牌之间是相互独立的，因此在考虑回合之间的组合时，就涉及独立性问题了．

 ## 3.1 条件概率

通常，一个事件被给予了某些信息，而这些信息会影响事件发生的概率．那么在计算相关问题时就需要将其考虑在内．例如，在扑克比赛中，你可以计算出两张底牌是 AA 的概率是 1/221，但是如果你的手中有一张 A，那么你的对手手中有 AA 的概率就会大幅度降低，如果你有 AA，那么对手有 AA 的概率就更加低了．同理，你有 KK 的概率也是 1/221，但如果你已经看过了两张牌中的一张牌，发现是一张 K，那么你能拿到 KK 的概率就会增加．由此生成的概率问题就称为**条件概率**，这些概率都要根据你已经看到的扑克牌的信息才能计算出来．接下来我们会介绍计算上述条件概率问题的方法，但是，首先我们要讨论一下条件概率的数学符号和定义．

在事件 B 发生的前提下，事件 A 发生的概率为条件概率，写成 $P(A \mid B)$，被定义为 $P(AB)/P(B)$．回顾一下第 1 章，$P(AB)$ 是事件 A 和事件 B 同时发生的概率．因此条件概率 $P(A \mid B)$ 也就是事件 A 和事件 B 同时发生的概率除以事件 B 发生的概率．在文氏图中，$P(A \mid B)$ 表示的就是图形 A 和图形 B 的交集面积在图形 B 面积中所占的比例．换句话说，如果你在一张纸上投掷铅笔，并且铅笔落在纸上的任何一点的概率都是相同的，那么 $P(A \mid B)$ 表示的就是在图形 B 的整个面积范围内，铅笔落在图形 A 和图形 B 的交集面积上的概率．

如果 $P(B)=0$，那么 $P(A \mid B)$ 就没有意义了，正如除以 0 在算术中是没有意义的一样．如果事件 B 不可能发生，那么讨论在事件 B 发生的前提下事件 A 发生的概率是没有意义的．

在一些概率问题中，$P(B)$ 和 $P(AB)$ 是直接给出或是很容易获得的，那么，条件概率 $P(A \mid B)$ 就能很简单地计算，下面就给出了这样的一个例题，它与这部分开始所涉及的问题有关．

例 3.1.1 发出两张牌，假设你的第一张牌是 K♥，在这个前提下，你能组成 KK 的概率是多少呢？

答案：假设事件 A 表示你拿到两张 K，事件 B 表示你的第一张牌是 K♥. 我们现在就要计算 $P(A \mid B)$，也就是要计算 $P(AB)/P(B)$. $P(B)$ 很容易看出是 1/52，因为每张牌出现的可能性是相同的. 注意到在计算 $P(B)$ 时，我们忽略了题中给我们的信息：第一张牌是 K♥. 一般来说，无论何时何种情况下使用数学符号 $P(B)$，都表示的是事件 B 发生的可能性，都假设在这把牌中没有其他特殊的信息. 也就是说，我们把 $P(B)$ 解释为在所有可能的事件数中，事件 B 发生的比例，显然，这道题中的 $P(B)$ 就是 1/52. $P(AB)$ 表示你拿到的牌是（K♥，K♣）、（K♥，K♦）或是（K♥，K♠）排列的概率. 所以 $P(AB) = 3/(52 \times 51) = 3/2652 = 1/884$. 因此条件概率 $P(A \mid B)$ 就是 $(1/884)/(1/52) = 1/17$.

和很多概率问题一样，这道题也有很多种解法. 另一种方法：考虑到第一张牌是 K♥，剩下的 51 张牌中的一张作为第二张牌的概率都是相同的，而其中只有 3 张牌能让你组成 KK，所以在第一张牌是 K♥ 的前提下，你能组成 KK 的条件概率为 $3/51 = 1/17$.

例 3.1.2 发出两张牌，假设你的第一张牌是 K，在这个前提下，你能组成 KK 的概率是多少？

答案：这道题和例 3.1.1 唯一的区别就是你的第一张牌可以是任意一张 K，而并不一定要是 K♥. 但是，这个问题同样可以利用例 3.1.1 的方法进行解题，实际上，二者的答案是相同的. 同样假设事件 A 表示你能拿到 KK，事件 B 表示你的第一张牌是 K. $P(B)$ 就是 $4/52 = 1/13$. 事件 AB 表示两张牌都是 K 并且第一张牌是 K，意思和"两张牌都是 K"一样. 换句话说，在这道题中，如果事件 A 发生，那么事件 B 也一定会发生，所以 $AB = A$. 因此，$P(AB) = P(A) = C_4^2/C_{52}^2 = 6/1326 = 1/221$. 所以 $P(A \mid B) = (1/221)/(1/13) = 1/17$.

这道题和例 3.1.1 最后算出的概率是一样的，我们可以这样认为：第一张牌是 K♥ 相比于第一张牌是其他任意 K，并不能使得最终你拿到 KK 的概率增加或减少.

例 3.1.3 假设你拿到了一张 K，那么你拿到 KK 的概率是多少？换句话说，假设你还没有看自己的底牌，而你的朋友帮你看了. 你问你的朋友："我的底牌中至少有一张 K，是吗？"你朋友回答："是的."在知道了这个信息的前提下，你有 KK 的概率是多少？

答案：注意到这次给出的信息和例 3.1.2 有一些区别，第一张牌是 K 的事件比第一张或第二张牌是 K 的事件发生的可能性小. 现在假设事件 A 表示两张牌是 KK, 事件 B 表示两张牌中至少有一张是 K. 我们要计算的就是 $P(A \mid B) = P(AB)/P(B)$, 和例 3.1.2 一样, $AB = A$, 所以, $P(AB) = P(A) = 1/221$.

$P(B) = P($第一张牌或第二张牌是 K$)$

       $= P($第一张牌是 K$) + P($第二张牌是 K$) - P($两张牌都是 K$)$

       $= 4/52 + 4/52 - 1/221 = 33/221$.

因此, $P(A \mid B) = (1/221)/(33/221) = 1/33$.

例 3.1.2 和例 3.1.3 答案的不同, 有时会使那些精通概率的人也产生疑惑. 有人可能会认为, 你有一张 K, 无论 K 是你的第一张牌还是第二张牌, 这些应该都是无关紧要的（正如例 3.1.1 中 K 是不是红桃对于结果是不重要的）, 因此在第一张牌或是第二张牌是 K 的前提下, 你能拿到 KK 的概率应该是相同的. 但事实并非如此.

例 3.1.2 和例 3.1.3 之间的不同之处用相应的文氏图（见图 3.1.1）可以很好地解释. 回顾一下: 条件概率 $P(A \mid B)$ 可以表示为在图形 B 上随机投掷铅笔, 铅笔击中目标 A 的概率. 在例 3.1.2 和例 3.1.3 中, 目标 A 的面积是一样的, 但是图形 B 的面积是不同的, 例 3.1.3 中的图形 B 的面积是例 3.1.2 中的两倍.

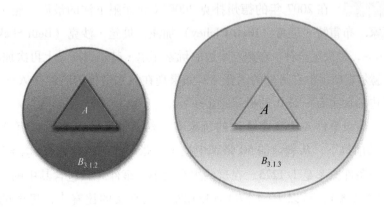

图 3.1.1

图 3.1.1 为例 3.1.2 和例 3.1.3 中概率的文氏图. 其中, 三角形（标记着 A）表示两张牌是 KK 的事件. 圆圈 $B_{3.1.2}$ 和 $B_{3.1.3}$ 分别代表第一张牌是 K 的事件和两张牌中至少有一张是 K 的事件.

第 1 章学过的 3 个基本公理同样适用于条件概率. 也就是说, 无论事件 A 和 B

代表什么，$P(A\,|\,B)$ 是非负的，$P(A\,|\,B) + P(A^c\,|\,B) = 1$，对于任何两两相互独立的事件 A_1、A_2、$\cdots$、A_n 有 $P(\cup A_i\,|\,B) = \sum_i P(A_i\,|\,B)$. 因此，第 1 章和第 2 章涉及的基本概率以及定理也都适用于条件概率. 例如，对于任意事件 A_1，事件 A_2 和事件 B 总有 $P(A_1 \cup A_2\,|\,B) = P(A_1\,|\,B) + P(A_2\,|\,B) - P(A_1 A_2\,|\,B)$. 同样地，在事件 B 发生的前提下，如果事件 A_1、$\cdots$、A_n 发生的概率相同，并有且只有一个发生，那么每个事件发生的条件概率就是 $1/n$，如果要计算正好包含 n 个元素中的 k 个元素的特定事件 A 的条件概率，那么在事件 B 发生的前提下，事件 A 发生的条件概率是 k/n. 因此，正如在第 2 章介绍过的那样，有时候条件概率可以通过简单计数计算出来.

接下来的两个例题，我们回到这个部分一开始就描述的情景.

例 3.1.4 假设你的底牌是 A♥7♦，目前为止也只知道这个信息，那么在你左手边的玩家有一对 A 的概率是多少？

答案：为了回答这个问题，假设事件 A 表示左手边的玩家有一对 A，事件 B 表示你的底牌是 A♥7♦，在事件 B 发生的前提下，剩余 50 张牌抽出 2 张所形成的组合发生的概率相同，所以每个组合发生的条件概率是 $1/1225$. 在这些组合中，事件 A 恰好包括 $C_3^2 = 3$ 种（A♣A♦、A♣A♠ 或 A♦A♠）组合，所以 $P(A\,|\,B) = 3/1225 \approx 0.0024$.

例 3.1.5 在 2007 年的德州扑克 3000 美元无限下注的最后一轮中，还剩下 8 位玩家. 布雷特·里奇（Brett Richey）加注，贝丝·沙克（Beth Shak）的底牌是 A♥A♦，她决定全押，在她左手边的玩家菲尔·赫尔姆斯马上再次加注全押. 事实上，赫尔姆斯手中有另外的两张 A. 如果现在只知道你的底牌是 A♥A♦，那么你左手边的玩家有一对 A 的概率是多少？

答案：假设事件 A 代表左手边的玩家有一对 A，事件 B 表示你有 A♥A♦. 在事件 B 的前提下，从剩余的 50 张牌中抽出 2 张形成的组合数有 $C_{50}^2 = 1225$ 种，每种组合的条件概率是 $1/1225$. 在这些组合之中，事件 A 只包含其中的 $C_2^2 = 1$ 种（也就是 A♣A♠），所以 $P(A\,|\,B) = 1/1225$. 在真实的比赛中，里奇的底牌是 K♣K♠，台面牌是 10♠3♦7♠8♣4♣，里奇被淘汰，是第八名，这个回合中，赫尔姆斯和沙克分摊了底池.

3.2 事件的相互独立性

在概率论中，独立性是一个很重要的概念，许多概率论的书籍都有很多涉及相互独立事件的例题和练习题. 然而在扑克牌中, 从给定的一副牌中发出扑克牌, 给出某张扑克牌的信息往往会影响到其他扑克牌出现的概率, 这些事件往往不是相互独立的. 由于每一轮的比赛之间都要重新洗牌, 有人认为这些不同轮次的事件都是相互独立的. 但是对于同一个回合中的事件, 很多人往往会得出错误的结论, 因为他们往往会理所当然地认为事件是相互独立的, 于是就计算出了错误的结果. (许多学科在解决包含不相互独立事件的问题时, 使用独立事件的方法要特别谨慎.)

独立事件是这样定义的: 如果 $P(B \mid A) = P(B)$, 同时有 $P(A \mid B) = P(A)$, 那么事件 A 和事件 B 是相互独立的. 由此, 事件 A 和 B 的排序, 也就是确定 A 代表哪个事件, B 代表哪个事件, 而这个次序对于独立事件的定义是不相关的.

这个定义在某种程度上和独立性的概念是一致的, 如果事件 A 和 B 是相互独立的, 那么事件 A 是否发生不会影响事件 B 发生的概率. 假设你玩了两轮德州扑克游戏, 事件 A 代表你在第一轮中拿到一对 A, 事件 B 代表你在第二轮中拿到一对 A. 因为每一轮游戏都会重新洗牌, 所以事件 A 发生不会影响 B 发生的概率, 也就是说无论事件 A 是否发生, 事件 B 发生的概率都是 1/221.

以下事件都是独立的:

- 每次投骰子的结果.
- 每次投掷一枚硬币出现的结果.
- 每次转动转牌的结果.
- 扑克游戏每一轮的结果.

从一个总体中抽样可以类比于从一副牌中取牌. 在扑克牌中, **总体**中的元素有 52 个, 其实在很多科学研究中, 总体中的样本可以有无穷多个. 在开始下一轮游戏前, 要将前一轮发出的扑克牌放回, 然后重新洗牌发牌, 这样的过程就被称为**重置抽样**, 但是如果是没有放回的抽样, 那么事件之间就不是相互独立的. 例如, 从一副牌中抽出两张牌, 在发第二张牌时并不将第一张牌放回整副牌中, 在这种情况下, 第一张牌是什么会影响第二张牌出现的概率, 所以两张牌的结果不是相互独立的. 如果第一张牌是黑桃 A, 那么就能确定第二张牌一定不会是黑桃 A. 同样, 在一个科学研究中, 随机从一个总体中抽样, 样本不放回, 那么这些样本的结果不是相互独立的. 如果比较玩家的牌型大小, 在总体中, 第一个抽取的玩家的牌型是最大的, 那么肯定知道第二个玩家的牌型一定不是最大的, 这两手牌型就不是相互独立的. 然而, 当从一个很大的总体中抽样时, 比如一个城市、一个州甚至是一个国家, 有着几百万的人口, 即使抽出的样本没有放回，我们也可以合理地把结果模型化看成是相互独立的，这是因为一个观察结果的信息几乎对下一个观察结果没有影响．因此，在一个样本不放回的科学研究中，如果涉及很大的总体，理论上说观察结果不是相互独立的，但我们也常常默认这些结果是相互独立的，因为基于独立事件所计算的结果和真正的结果是非常相近的．但当总体单位是 52 时，这种情况就不适用了．

有关独立事件的讨论有很多．如果事件 A 和 B 是相互独立的，那么 A^c 和 B、A 和 B^c 以及 A^c 和 B^c 之间也是相互独立的．那么我们很容易直观地看出：如果事件 A 是否发生不会影响事件 B 发生的概率，那么事件 A^c 是否发生也不会影响事件 B 的发生．从数学式可以更加容易地看出来，例如 $P(A^c \mid B) = P(A^c B)/P(B) = [P(B) - P(AB)]/P(B) = 1 - P(AB)/P(B) = 1 - P(A \mid B)$，如果 A 和 B 是相互独立的，那么 $P(A^c \mid B) = P(A^c)$．

 ## 3.3 乘法法则

计算发生的一系列事件的概率时，例如，计算 $A_1 \cap A_2 \cap \cdots \cap A_k$ 的概率，乘法法则是非常适用的．在这种情况下，确定事件之间是否相互独立是很重要的，虽然乘法法则在这两种情况下都是可以使用的．

一般地，对于任意的集合 A 和 B，

$$P(AB) = P(A) \times P(B \mid A)$$

只要 $P(A) > 0$，那么，$P(B \mid A)$ 就是有意义的．这个式子也被称为**一般的乘法法则**，是从条件概率 $P(B \mid A)$ 的定义中推导而出的．我们现在将其扩展，对于任意集合 A、B、C、$D \cdots$，只要所有条件概率都是有意义的，那么

$$P(ABCD \cdots) = P(A) \times P(B \mid A) \times P(C \mid AB) \times P(D \mid ABC) \times \cdots$$

注意：对于**相互独立事件** A 和 B，$P(B \mid A) = P(B)$，也就有 $P(AB) = P(A) \times P(B)$，也就是 A 和 B 是相互独立的．这样，如果 A，B，C，D，$\cdots$ 相互独立，一般乘法法则就可以简化为

$$P(ABCD \cdots) = P(A) \times P(B) \times P(C) \times P(D) \times \cdots$$

我们就把上面的式子称为**相互独立事件的乘法法则**．

接下来的两个例子可以显示使用乘法法则时确定事件是否相互独立的重要性．

 例 3.3.1 假设我和你一起玩了两轮的扑克游戏．比较下面两个事件的

概率：

事件 Y：在第一轮你的底牌是一对 A，在第二轮我的底牌是一对 A.

事件 Z：在第一轮你的底牌是一对 A，在第一轮我的底牌也是一对 A.

答案：第一轮中你的底牌和第二轮中我的底牌之间是相互独立的，所以根据相互独立事件的乘法法则，

$$P(Y) = P(在第一轮你的底牌是 AA) \times P(在第二轮我的底牌是 AA)$$
$$= (1/221) \times (1/221) = 1/48841.$$

但是，事件 Z 是同一轮游戏中的底牌，所以你的底牌和我的底牌不是相互独立的. 从例3.1.5 中可知，假设在某一轮中你的底牌是 AA，那么在这一轮中我也有 AA 的概率为 1/1225. 因此，根据相互独立事件的乘法法则，有

$$P(Z) = P(在第一轮中你的底牌是 AA 并且在第一轮中我的底牌也是 AA)$$
$$= P(在第一轮中你的底牌是 AA) \times P(在第一轮中我的底牌是 AA \mid 在第$$
$$一轮中你的底牌是 AA)$$
$$= (1/221) \times (1/C_{50}^{2}) = (1/221) \times (1/1225) = 1/270725.$$

事件 Y 和 Z 的概率之间的区别是很明显的. 事件 Y 发生的概率是事件 Z 的 5.5 倍多.

例 3.3.2 第三季高筹码扑克中有一轮是这样的：巴里·格林斯坦，托德·布伦森（Todd Brunson）和珍妮佛·哈曼（Jennifer Harman）弃牌后，依利·艾莱萨叫注 600 美元，萨米·法哈加注到 2600 美元，肖恩·肖克汉（Shaun Sheikhan）弃牌. 丹尼尔·内格里诺跟注，艾莱萨跟注. 盲注和前注组成的底池有 8800 美元. 翻牌是 6♠10♠8♠. 内格里诺下注 5000 美元，艾莱萨加注到 15000 美元，法哈弃牌. 内格里诺思考了两分钟，全押了额外的 96000 美元. 艾莱萨的底牌是 8♣6♠，跟注. 此时，底池的筹码是 214800 美元. 内格里诺的底牌是 A♦10♥. 这时，观众认为艾莱萨的胜算是 73%，内格里诺的胜算是 25%.（两个百分数相加不等于 100% 是因为还有可能两位玩家会分摊底池. 你知道是怎么样的吗？）两位玩家决定"发牌两次"，也就是说荷官发两次转牌和河牌，两次发牌之间不要洗牌，每次底池的筹码为 107400 美元. 第一次的转牌和河牌是 2♠和 4♥，艾莱萨的牌为两个对子，故而获胜. 第二次的转牌和河牌是 A♥和 8♦，由此艾莱萨再次获胜，这次她的牌是葫芦. 有人可能会问这种情况会发生的概率是多少呢？现在假设已经知道了这两位玩家的底牌，艾莱萨的转牌和第一次的转牌和河牌（2♠，4♥），那么内格里诺在转牌圈拿到了一张 A 或 10，而仍然输给对手的概率是多少？

答案：首先，我们发现如果转牌是一张 10 的话，内格里诺是不会输的。如果转牌是一张 A，那么河牌的选择还剩下 42 张，其中只有四张会让内格里诺输掉底池，分别是 $8\diamondsuit$、$8\spadesuit$、$6\diamondsuit$ 和 $6\heartsuit$，因此我们得

$$P(\text{转牌是 A 并且内格里诺输了底池})$$

$$= P(\text{转牌是 A}) \times P(\text{内格里诺输了底池} \mid \text{转牌是 A})$$

$$= (3/43) \times (4/42)$$

$$\approx 0.0066.$$

我们可以看到这个答案和 $P(\text{转牌是 A}) \times P(\text{内格里诺输了底池})$ 的结果是很不相同的.

$P(\text{转牌是 A}) \times P(\text{内格里诺输了底池})$ 约为 $(3/43) \times 73\% \approx 5.09\% \approx 0.0510$.

例 3.3.3 如果玩家拿到一手不可思议的手牌（称为**中奖牌**），但仍然输掉了底池，一些赌场也会提供给这种玩家几千美元的"头奖"作为奖励。洛杉矶的一家赌场有这样的规定：如果满足以下两个条件，你就获得了中奖牌：

（a）你拥有 3 张 A 的葫芦，或是更好的组合牌。也就是说你有皇家同花顺、同花顺、三条或是三张 A 的葫芦。

（b）你最好的五张组合牌要包含你的两张底牌。

假设你的牌满足了条件（a），那么你的牌能满足条件（b）的概率是多少呢？（为了使这个问题的问法更加明确，不要考虑是否使用底牌的模棱两可的情况，如你的底牌是 A5，你的公共牌是 AA553。假设你会一直跟注直到发完最后一张牌，这样你有 AQ 的可能性和 73 的可能性是相同的。）

答案：假设现在拿 7 张牌，两张底牌和五张公共牌，组成最大牌型的五张牌涂成绿色。现在问题就转化为你的底牌是绿色的概率是多少。在这七张牌中，有五张是绿色的，所以你的第一张底牌就有 5/7 的概率是绿色的。假设你的第一张底牌是绿色的，那么你的第二张底牌可以是剩余 6 张牌中的一张，而其中只有四张是绿色的。所以

$$P(\text{你的第一张底牌是绿色并且第二张底牌也是绿色})$$

$$= P(\text{第一张是绿色}) \times P(\text{第二张是绿色} \mid \text{第一张是绿色})$$

$$= 5/7 \times 4/6$$

$$= 1/2.1 \approx 47.6\%.$$

扑克玩家常常用几率而不是概率来描述机会。对于任意事件 A，A 发生的几率 $= P(A)/P(A^c)$，A 不发生的几率 $= P(A^c)/P(A)$。这些比率用数学符号就表示

为 $P(A):P(A^c)$ 或 $P(A^c):P(A)$. 例如,如果 $P(A)=1/4$,那么 $P(A^c)=3/4$,所以事件 A 发生的几率就是 $(1/4)/(3/4)=1/3$,写成 $1:3$,同样,A 不发生的几率就是 $3:1$. 注意到和概率的计算不同,几率的比率不能根据乘法法则进行简单相乘:如果事件 A 和事件 B 是相互独立的,那么 AB 不发生的几率一般情况下是不会等于 A 不发生的几率乘以 B 不发生的几率. 在这个方面,用概率计算就比几率计算有优势.

 ## 3.4 贝叶斯定理和结构化牌型分析

贝叶斯定理,作为很多科学工作的基本原理,最初是由牧师托马斯·贝叶斯(Thomas Bayes)在对赌博的研究中提出的;贝叶斯最初的文章(Bayes,Price,1763 年)使用的范例是在进行了上千次彩票试验的结果上去估算彩票中奖概率的问题.

在已知 $P(A\mid B)$ 时,求颠倒的条件概率 $P(B\mid A)$ 的值时,贝叶斯定理是非常有用的. 具体地说,假设事件 B_1、B_2、$\cdots$、B_n 是不相交事件,并且至少有一个事件一定会发生. 假设你要计算 $P(B_1\mid A)$,但是你只知道 $P(A\mid B_1)$、$P(A\mid B_2)$、$\cdots$ 以及 $P(B_1)$、$P(B_2)$、$\cdots$、$P(B_n)$.

贝叶斯定理:如果 B_1、B_2、$\cdots$、B_n 两两互斥并且 $P(B_1\cup\cdots\cup B_n)=1$,那么

$$P(B_i\mid A)=P(A\mid B_i)\times P(B_i)\Big/\Big[\sum_j P(A\mid B_j)P(B_j)\Big].$$

这个定理是正确的吗?

回顾一下条件概率的定义(见图 3.4.1),$P(A\mid B_i)=P(AB_i)/P(B_i)$,因此,$P(AB_i)=P(A\mid B_i)\times P(B_i)$. 由于给出的信息显示在事件 B_i 中至少有一个发生,所以我们现在可以把事件 A 分成若干个互斥事件 AB_1、AB_2、$\cdots$、AB_n. 由此,$P(A)=P(AB_1)+P(AB_2)+\cdots+P(AB_n)$.

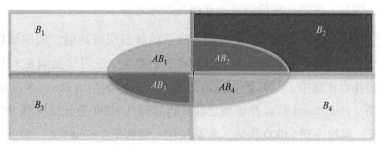

图 3.4.1 用文氏图说明贝叶斯定理

因此，$P(B_i \mid A) = P(AB_i)/P(A)$

$$= P(AB_i)/[P(AB_1) + P(AB_2) + \cdots + P(AB_n)]$$

$$= P(A \mid B_i) \times P(B_i)/[P(A \mid B_1)P(B_1) + P(A \mid B_2)P(B_2) + \cdots + $$

$$P(A \mid B_n)P(B_n)].$$

例 3.4.1　贝叶斯定理的经典应用可能与扑克无关，但是其本身是非常有趣的，并且能够让大家弄清楚这个概念．一个很有趣的例子是有关疾病检测的．假设你从一个很大的总体中随机抽出一个样本，有某种疾病的概率是 1%．并假设疾病检测的正确率是 95%，也就是说，如果某个样本确实有疾病，那么检测时，呈现阳性的概率是 95%，呈现阴性的概率是 5%．如果样本是没有疾病的，那么检测出阴性的概率是 95%，阳性的概率是 5%．假设随机抽取的样本检测出呈现阳性，在这个前提下，这个样本确实有疾病的概率是多少？

答案：我们使用速记法来显示给出的信息：

$P(+) = 1\%$，$P(+ \mid 疾病) = 95\%$，$P(- \mid 无疾病) = 95\%$．其中"疾病"表示样本确实有疾病，"+"表示检测显示样本有疾病，"-"表示检测显示样本没有疾病．我们现在要计算的就是 $P(疾病 \mid +)$．根据贝叶斯定理，

$$P(疾病 \mid +) = P(+ \mid 疾病) \times P(疾病)/[P(+ \mid 疾病) \times P(疾病) + P(+ \mid 无疾病) \times P(无疾病)]$$

$$= 95\% \times 1\%/(95\% \times 1\% + 5\% \times 99\%)$$

$$\approx 16.1\%.$$

得出的这个概率要比大家所想象的高很多．考虑到检测的准确性是 95%，有人可能会猜想阳性结果就表明有疾病的概率是 95%．但是这种疾病是如此之稀少，检测出阳性后也仅仅只是把可能患上疾病的概率从 1% 提高到 16.1%．从另外一个角度来看，大多数人是没有该种疾病的，这些没有疾病的人检测出阳性的概率是 5%．在这样的情况下，错误的结果是很普遍的，甚至比真正正确的结果普遍得多．因此，使得疾病检测更加准确是当务之急．

例 3.4.2　扑克玩家大都认为如果自己的牌型很差的话，就应该诈牌，在一些简化的扑克情景中，这种战略的使用可以用数学来证明（见例 6.3.4）．在第三季高筹码扑克比赛中，最开始加注的是大卫·威廉姆斯（David Williams），布莱德·布斯（Brad Booth）在翻牌圈之前就将筹码从 1800 美元加注到 5800 美元．艾维（Ivey）再加注到 14000 美元，布斯跟注．翻牌是 3♦7♠6♦．假设目前我们只知道这些信息，布斯有 2% 的概率拥有一副如同翻牌为 45，33，66 或 77 的好

牌型，同样他有 20% 的概率会有一副很差的牌. 布斯过牌，艾维下注 23000 美元，布斯全押下注 300000 美元，假设你是艾维，你会认为如果布斯有一副很好的牌，那么他有 80% 的概率会下注如此之大，如果他有一副很差的牌，那么他就有 10% 的概率下注如此之大. 假设这些信息都知道了，并且布斯下了巨大的赌注，那么他拥有一副很好的牌型的概率是多少?

答案：其实这些假设是有问题的，但是根据这些假设才可能利用贝叶斯定理去解决问题.

$P(好牌 | 巨大的赌注) = P(巨大的赌注 | 好牌) \times P(好牌) / [P(巨大赌注 | 好牌) \times P(好牌) + P(巨大赌注 | 差牌) \times P(差牌)]$

$= 80\% \times 2\% / (80\% \times 2\% + 10\% \times 20\%)$

$\approx 44.4\%.$

这个问题和例 3.4.2 差不多，巨大的赌注似乎预示着布斯拥有一手好牌的可能性很高，正如检测为阳性表示有很大的可能性患病一样. 但是要拥有一手好牌或是患上某种疾病的概率是很小的，这两种情况中的最初的条件概率并不像大家猜想的那么高. 在实际比赛中，布斯的底牌是 2♠ 和 4♠，而艾维的是 K♦ K♥，但他弃牌了.

例 3.4.2 的计算与哈林顿和罗伯特（2004）提出的**结构化牌型分析**（SHAL）方法类似. 假设你的对手有几种可能的牌型，根据你自己的看法或经验，赋予这几种可能的牌型以概率（或权重）. 然后你就可以使用贝叶斯定理来计算出在摊牌后你能获胜的概率，正如以下的例 3.4.3 中显示的一样.

例 3.4.3 戈登（2006，p.189-195）讨论了 2001 年 WSOP 主赛场上的一手牌. 那时，613 位玩家只剩下 13 位. 而在那一回合中，还有 6 位玩家在继续下注. 盲注分别是 3000 美元和 6000 美元，每个玩家的前注为 1000 美元. 位于枪口位置的迈克·马图索（Mike Matusow）加注到 20000 美元，位于庄家右边位置的戈登底牌是 K♣K♠，再加注到 100000 美元，小盲注位置上的菲尔·赫尔姆斯再次加注，全押 600000 美元. 马图索弃牌，戈登面临一个艰难的抉择. 如果赫尔姆斯的底牌是 AA，那么他就 100% 会再加注，如果是 KK，加注的概率就是 50%，如果是 AK 或是 QQ 的话，概率就是 10%，如果是其他牌型，那么在这个情况下他就不会再加注. 假设已经知道了戈登的底牌，并且赫尔姆斯已经做出了再加注的行为（马图索和其他弃牌的玩家的牌不知道），计算出 a）赫尔姆斯牌型可能的分布情况以及相应的概率；b）基于 a）部分以及 cardplayer.com 网站上的扑克概率计算器，如果跟注，戈登获胜的概率.（在实际比赛中，戈登的底牌是 K♣K♠，他选择弃牌，而赫尔姆斯是一对 A.）

答案：a）首先，我们整理一下赫尔姆斯牌型的分布，考虑一下我们目前可得的信息，设 B_1 表示赫尔姆斯拥有 AA 的事件，B_2 表示他拥有 KK 的事件，B_3 表示他拥有 AK 的事件，B_4 表示他拥有 QQ 的事件. 只知道戈登的底牌，$P(B_1) = C_4^2/C_{50}^2 = 6/1225$，$P(B_2) = 1/1225$，$P(B_3) = (4 \times 2)/C_{50}^2 = 8/1225$，$P(B_4) = C_4^2/C_{50}^2 = 6/1225$. 设 A 表示赫尔姆斯决定再加注的事件，我们知道 $P(A \mid B_1) = 100\%$，$P(A \mid B_2) = 50\%$，$P(A \mid B_3) = P(A \mid B_4) = 10\%$. 根据贝叶斯定理，我们得到

$$
\begin{aligned}
P(B_1 \mid A) &= P(A \mid B_1)P(B_1)/[P(A \mid B_1)P(B_1) + P(A \mid B_2)P(B_2) + P(A \mid \\
& \quad B_3)P(B_3) + P(A \mid B_4)P(B_4)] \\
&= 100\% \times (6/1225)/[100\% \times (6/1225) + 50\% \times (1/1225) + 10\% \times \\
& \quad (8/1225) + 10\% \times (6/1225)] \\
&= 6/1225/(7.9/1225) \\
&= 6/7.9 \approx 75.95\%.
\end{aligned}
$$

同样，

$$
\begin{aligned}
P(B_2 \mid A) &= 50\% \times (1/1225)/[100\% \times (6/1225) + 50\% \times (1/1225) + 10\% \times \\
& \quad (8/1225) + 10\% \times (6/1225)] \\
&= 0.5/1225/(7.9/1225) = 0.5/7.9 \approx 6.33\%. \\
P(B_3 \mid A) &= 10\% \times (8/1225)/[100\% \times (6/1225) + 50\% \times (1/1225) + 10\% \times \\
& \quad (8/1225) + 10\% \times (6/1225)] \\
&= 0.8/1225/(7.9/1225) = 0.8/7.9 \approx 10.13\%. \\
P(B_4 \mid A) &= 10\% \times (6/1225)/[100\% \times (6/1225) + 50\% \times (1/1225) + 10\% \times \\
& \quad (8/1225) + 10\% \times (6/1225)] \\
&= 0.6/1225/(7.9/1225) = 0.6/7.9 \approx 7.59\%.
\end{aligned}
$$

b）使用 cardplayer.com 网站上的扑克概率计算器，我们看到这个问题是在问有关戈登在摊牌阶段的牌型能获胜的概率，戈登底牌 K♣K♠ 能战胜 AA 的概率大约是 17.82%，K♣K♠ 战胜 K♦K♥ 的概率大约是 2.17%，K♣K♠ 战胜 AK 的概率大约是 68.46%，K♣K♠ 战胜 QQ 的概率大约是 81.70%. 对手手中的牌的花色在某种程度上，会影响到获胜的概率，按照习惯，我们会对不同的概率进行平均. 因此，在事件 A 的前提下，如果戈登跟注，他获胜的概率是

$$
\begin{aligned}
&P(\text{戈登获胜} \cap B_1 \mid A) + P(\text{戈登获胜} \cap B_2 \mid A) + P(\text{戈登获胜} \cap B_3 \mid A) + P(\text{戈} \\
&\text{登获胜} \cap B_4 \mid A) = P(\text{戈登获胜} \mid A, B_1)P(B_1 \mid A) + P(\text{戈登获胜} \mid A, B_2)P(B_2 \mid A) +
\end{aligned}
$$

$P($戈登获胜$|A,B_3)P(B_3|A)+P($戈登获胜$|A,B_4)P(B_4|A)$

　$\approx 17.82\% \times 75.95\% + 2.17\% \times 6.33\% + 68.46\% \times 10.13\% + 81.70\%$

　$\times 7.59\%$

　$\approx 26.81\%.$

习题 3.1　假设事件 A 的概率是 p，

　a）设 O_A = 事件 A 发生的几率. 用 O_A 的一般方程式来表示 p.

　b）假设事件 A 发生的几率是 $1/10$，那么 p 是多少？

　c）假设事件 A 不发生的几率是 $5:1$，那么 p 是多少？

习题 3.2　假设事件 A 和 B 是相互独立的. 设 $O_{A'}$ = A 不发生的几率，$O_{B'}$ = B 不发生的几率. 那么 AB 不发生的几率是多少？将你的答案用以下形式：a）用 $P(A)$ 和 $P(B)$ 表示；b）用 $O_{A'}$ 和 $O_{B'}$ 表示.

习题 3.3　在你的两张底牌都是黑色花色的前提下，这两张底牌是梅花的概率是多少？

习题 3.4　证明：对于任意事件 B 和任意事件 A_1、A_2、$\cdots$，条件概率 $P(A_i|B)$ 符合概率论的三大公理.

习题 3.5　设 A 表示两张底牌都是 A 的事件，B 表示两张底牌的花色都是黑色的事件. 那么事件 A 和事件 B 是相互独立事件吗？

习题 3.6　设 A 表示两张底牌都是人头牌，B 表示两张底牌能组成一对. 那么 A 和 B 是独立事件吗？

习题 3.7　在 2008 年主赛场上一个关键的回合中，丹尼斯·菲利普斯（Dennis Phillips）跟注了 300000 美元的大盲注，伊凡·杰米多夫（Ivan Demidov）的底牌是 A♣Q♣，加注到 1025000 美元. 菲利普斯再加注 3525000 美元，杰米多夫再加注到 8225000 美元，其实杰米多夫这样做是很冒险的. 假设菲利普斯平跟，并且底牌是 AA、KK、QQ 或是 AK 的话就再加注. 现在我们知道的信息是菲利普斯平跟并再加注，杰米多夫的底牌是 A♣Q♣：

  a）菲利普斯的底牌是 AA 的概率是多少？

  b）考虑到菲利普斯所有可能的牌型以及相对应的概率，如果菲利普斯和杰米多夫在翻牌圈之前就全押了，那么杰米多夫能获胜的概率是多少？（提示：使用网上的扑克几率计算器，如 www. cardplayer. com/poker_ odds/texas_ holdem 上的计算器来计算出结果，如 K♣K♦ 战胜 A♣Q♣ 的概率.）

习题3.8 承接上一题，假设菲利普斯总是会平跟（就是下和大盲注一样的筹码），并且如果底牌是 AA 或 KK，则一定会再加注，如果底牌是 QQ 或是 AK 的话，则有 50% 的概率再加注. 现在，已经知道菲利普斯平跟并且再加注了，那么他拿到 AA 的概率是多少？在翻牌之前杰米多夫获胜的概率是多少？（顺带说一句，在实际的比赛中，菲利普斯的底牌是 A♥K♣，他跟注. 翻牌是 8♦10♣J♠，菲利普斯下注 4500000 美元，杰米多夫全押了 13380000 美元，菲利普斯弃牌.）

习题3.9 假设你的对手看了她自己的底牌，然后马上又看了她的筹码. 卡罗（Caro）（2003）将这种行为称为**告知**，这可能就表明她有一手很好的底牌. 假设，如果她的底牌是 AA 或是 KK 的话，那么她就 100% 会做这个告知的动作，如果底牌是 AK 的话，她就有 50% 的概率做告知，如果是其他的牌，那她就不会做. 现在只知道这些信息，她的底牌是 AA 的概率是多少？

习题3.10 证明：如果事件 A 和事件 B 是相互独立的，那么 A^c 和 B^c 也是相互独立的事件.

习题3.11 举出一个例子：三个事件 A、B 和 C，其中 A 和 B 是相互独立的事件，A 和 C 是相互独立事件，但是 A 和 BC 不是相互独立事件.

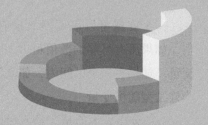

4 期望值和方差

无论是对于扑克，还是对于科学研究，期望值和方差都是最基本的概念. 在 4.2 及 4.5 节关于离散随机变量的内容中提及了期望值和方差的话题. 在介绍这些话题前，我们首先要了解一下基本的定义和离散随机变量的简单例题.

4.1 累积分布函数和概率质量函数

一个**变量**可以取不同的数值，一个**随机变量**在不同概率下可以取不同的数值. 如果所有可能的数值可以一一列举出来，我们就称随机变量 X 为**离散型**随机变量. 如果在一个区间内，如区间 $[0, 1]$，变量 X 取值有无限个，那么 X 就称为**连续型**随机变量.

X 的**分布**表示的是 X 所有可能的取值信息以及它们的概率. 任意一个随机变量都有一个**累积分布函数**（cdf）：

$$F(b) = P(X \leqslant b)$$

根据概率公理，对于任意的累积分布函数 F，都有

$$\lim_{b \to -\infty} F(b) = 0 \text{ 并且 } \lim_{b \to +\infty} F(b) = 1$$

如果 X 是离散型随机变量，那么 X 的分布就可以用**概率质量函数**（pmf）来表示：

$$f(b) = P(X = b)$$

注意：根据概率公理 2，对于任意的概率质量函数 f，$\sum f(b)$ 一定等于 1.

例 4.1.1 假设你现在在玩德州扑克，如果你有口袋对子，那么设 $X = 1$，否则 $X = 0$. 那么 X 的概率质量函数是什么？X 的累积分布函数是什么？

答案：首先，注意到能够组成口袋对子的两张牌的点值的组合数共有 $13 \times C_4^2$ 种，因为一对牌的点值有 13 种可能的情况，对于每种点值的选择，两张牌的花色组合又有 C_4^2 种可能. 所以有口袋对子的概率是 $13 \times C_4^2 / C_{52}^2 = 1/17$.

所以，对于概率质量函数，$f(1) = 1/17$，$f(0) = 16/17$，b 如果是其他数值，那么 $f(b) = 0$. 对于累积分布函数，$F(b) = 0 (b < 0)$；$F(b) = 1/17 (0 \leqslant b < 1)$；$F(b) = 1 (b \geqslant 1)$.

例 4.1.2 在一场锦标赛中，只剩下包含你在内的 3 位玩家，第一名的奖金是 1000 美元，第二名的是 500 美元，第三名的是 300 美元. 你认为你能获得第一名的概率是 20%，获得第二名的概率是 35%，获得第三名的概率是 45%. 设 X 表示你能获得的奖金，单位是美元. 那么 X 的概率质量函数和累积分布函数各是

多少?

答案: X 的概率质量函数为

$f(300) = 45\%$, $f(500) = 35\%$, $f(1000) = 20\%$, b 如果是其他数值, $f(b) = 0$.

X 的累积分布函数为

$F(b) = 0 (b < 300)$; $F(b) = 45\% (300 \leqslant b < 500)$; $F(b) = 80\% (500 \leqslant b < 1000)$; $F(b) = 100\% (b \geqslant 1000)$.

4.2 数学期望

数学期望不仅是真实科学的数据分析的基础,它也是分析扑克游戏的重要原理,原因如下:

a)锦标赛:一些游戏理论的结果显示,在一场势均力敌、赢家通吃的锦标赛竞赛中,最好的策略就是使用**短视原理**:在一场比赛中,给出若干选项,我们总是要选择能使得筹码的**期望值**最大化的选项.

b)大数定理:概率理论显示,如果你不断重复独立随机试验,随着试验次数的增加,事件发生的平均值最终会接近于一个**期望值**. 因此,如果你不断重复玩同样的游戏,试图最大化奖金的期望值是有意义的. 在 7.3 节中,我们会进一步讨论这个话题.

c)检查结果:要检查一个人是常胜还是常败的扑克玩家,或是要证明一种给定的策略是否生效,一个好的办法就是检查样本平均值是否为正数,并观察其值是否趋同于数学期望. 在 7.5 节中,我们会进一步讨论这个话题.

一个离散型随机变量 X 的概率质量函数是 $f(b)$,那么 X 的数学期望(也称为期望值)就是 $\sum bf(b)$,也就是 b 的所有可能值的相加. 期望值有时也称为平均值,数学符号为 $E(X)$ 或 μ. 在很多概率论的书本中, $E(X)$、$E\{X\}$ 和 $E[X]$ 其实是通用的,而本书使用括号则是为了清楚明了,意思上和其他符号是没有区别的.

 例 4.2.1 对于例 4.1.1 中定义的随机变量 X, $E(X)$ 是多少?

答案: $f(0) = 16/17$, $f(1) = 1/17$, 所以 $E(X) = (0 \times 16/17) + (1 \times 1/17) = 1/17$.

一般地,对于任何伯努利随机变量 X ,其 $E(X) = p$,正如例 4.2.1 所显示的.

 例 4.2.2 对于例题 4.1.2 定义的随机变量 X. $E(X)$ 是多少?

答案: $f(300) = 45\%$, $f(500) = 35\%$, $f(1000) = 20\%$, 所以 $E(X) = (200 \times$

45%）+（500×35%）+（1000×20%）=510

注意：对于任意随机变量 X 和常数 a 和 b，如果 $Y=aX+b$，那么 $E(Y)=\sum(ak+b)f(k)=a\sum kf(k)+b\sum f(k)=aE(X)+b$，因为 f 是一个概率质量函数，所以 $\sum f(k)=1$. 因此，如果在一场比赛中将玩家潜在的盈利和损失乘以 3 就等于玩家期望值的三倍，正如在 4.5 节中所说，这意味着标准偏差也增至三倍.

X 的期望值表示的是 X 输出值的一种**最佳猜测**. 但是，期望值并不一定包含在变量的输出集合里，正如在例 4.2.1 和例 4.2.2 中一样. 在例 4.1.2 中，X 不可能是 510，它只能是 300、500 或是 1000. 不过 510 意味着 X 输出的值的**加权平均值**，加权数是对应的概率. 如果独立试验无限次重复，那么 $E(X)$ 就表示 X 输出的值的**长期平均**. 当 X 表示价值或财富的衡量标准时，$E(X)$ 表示的就是为了取得 X 的机会所需要付出的**公平价格**，也就是说，如果每次独立试验都付出这个价格，那么每次试验的平均利润值就趋同于 0. 下面的例子就很好地说明了这个问题.

例 4.2.3 约翰尼·莫斯（Johnny Moss）在 1971 年的世界扑克锦标赛获胜了，这是场只有 7 名玩家参与的赢家通吃的锦标赛. 假设你参加了这样的只有 7 名玩家参与的锦标赛，并假设所有玩家在技巧能力上都是相同的，每位玩家获胜的概率都是相同的. 获胜的玩家获得 100000 美元的奖金，如果 X= 比赛中的奖金，那么 X 的期望值是多少？

答案：如果你输了，那么 $X=0$，如果你获胜了，那么 $X=100000$，所以 $E(X)=$（100000×1/7）+（0×6/7）≈14285.71.

值得注意的是，在这道例题中，X 的值要么是 0 要么是 100000，尽管期望值是 14285.71，但 X 永远也不可能趋近于 14285.71 这个值. 14285.71 其实是你参与比赛所要付出的公平价格，也就是说，如果你重复无限次地付出 14285.71 美元来参赛玩扑克（假设每次的结果都是相互独立的，而这个假设也是很合理的），那么每次比赛的平均盈利最终会趋于 0.

在 1971 年，实际的参赛费只有 5000 美元，但是，即使包含了代言和间接收益，这次的奖金也远远少于 100000 美元. 顺带说一下，尽管概率论学家常常使用**公平价格**和**公平游戏**这些术语来表示玩家的平均收益为 0 的比赛，但是你几乎找不到符合这种公平定义的赌场.

在 4.5 节中，$E(X^2)$ 是一个很重要的概念，无论 X 代表什么，Y 总是等于 X^2，因此，我们用 $E(X^2)$ 表示 Y 的期望. 值得注意的是，$E(X^2)$ 一般情况下不等于 $[E(X)]^2$. 下面的例子可以很好地说明这个问题.

📚 **例 4.2.4** 假设在德州扑克的一个回合中，如果你得到了口袋对子，那么赌场会支付你 10 美元，同时，你的朋友会得到 100 美元；如果你没有拿到口袋对子，那么你和你的朋友每人得到 0 美元. 设 X 表示在这个规定下你的盈利，而 Y 表示你朋友的盈利，那么 X 和 Y 的期望值分别是多少？$E(X^2)$ 是多少？

答案：你拿到一对口袋对子的概率是 1/17（参照例 4.1.1）. 因此，

$$E(X) = (\$10 \times 1/17) + (0 \times 16/17) = 10/17 \approx 0.588$$
$$E(Y) = (\$100 \times 1/17) + (0 \times 16/17) = 100/17 \approx 5.88$$

注意到 $Y = X^2$：如果 $X = 0$，那么 $Y = 0$，如果 $X = 10$，那么 $Y = 100$，所以 Y 总是等于 X^2，所以 $E(X^2) = E(Y) \approx 5.88$.

这道题的目的是要我们弄清楚 X^2 和 $E(X^2)$ 的意义. 注意到在这个例题中，$E(X^2) \approx 5.88$ 而 $[E(X)]^2 \approx 0.588^2 \approx 0.346$，所以 $E(X^2) \neq [E(X)]^2$. 事实上，只有 X 是一个常量的情况下，例如，X 等于 c（c 为常量值）的概率是 100%，$E(X^2) = [E(X)]^2$ 才成立.

📚 **例 4.2.5** 在一些锦标赛的最后，玩家偶尔会达成共识去平分奖金，而并不是一直玩到最后. 通常，玩家选择协商成比例地分摊剩下的比赛奖金主要是根据他们手中的筹码. 从期望值的角度看，在一场势均力敌、赢家通吃的比赛中，这个分配方式是公平的，但是这种分配方式在标准的非赢家通吃的比赛中却是不公平的，会使得那些筹码冠军获益. 例如，回顾一下 1.1 节最开始的 2006 年 WSOP 的一个回合，假设此时杰米·高德在 8900 万筹码中占了 6000 万，并且有 67.4% 的概率赢得 1200 万的冠军奖金，25% 的概率赢得 610 万的第二名奖金，有 7.6% 的可能获得 410 万的第三名奖金. 高德接受或是不接受一个成比例分配筹码的协议，对这两种选择的**期望**奖金进行比较.

答案：不接受协议的话，高德的期望奖金就是（12000000 × 67.4%）+（6100000 × 25%）+（4100000 × 7.6%）≈ 9900000 美元.

在比赛中，高德的筹码所占比例为 67.4%，而所有的奖金为 22200000 美元. 如果达成分配的协议的话，那么他就有大约 67.4% × 22200000 ≈ 15000000 的奖金，这个数字远远大于不达成协议的 9900000 美元，也远远大于最终赢得第一名的奖金. 所以接受一个成比例分摊奖金的协议会使得高德的收益更大.

📚 **例 4.2.6** 在第一季高筹码扑克比赛的最后一轮中，巴里·格林斯坦的底牌是 A♥A♣，他加注到 2500 美元，萨米·法哈的底牌是 K♣K♦，他加注到 12500 美元，格林斯坦再次加注到 62500 美元. 法哈思考了三分钟后，决定全押

180000 美元. 格林斯坦马上跟注并阻断了法哈. 底池中包括盲注和前注在内，总共有 361800 美元. 在这种情况下，如果只知道这两位玩家的底牌，格林斯坦大约有 81.7% 的概率获胜，而法哈大约有 17.8% 的概率获胜，两位玩家分摊底池筹码的概率是 0.5%，如果拿到的公共牌是 34567，或是所有公共牌都是黑桃，将会发生怎样的情况呢？在这一回合，法哈能够获得的筹码的期望值是多少？

答案：设 $X=$ 筹码的期望数值. 如果法哈输了，那么 $X=0$，如果赢得了比赛，$X=361800$，如果平分底池，那么 $X=180900$，三种情况对应三个概率. 为了计算 $E(X)$，我们将 X 的每个可能值和相对应的概率相乘后进行加总.

$$E(X) = (0 \times 81.7\%) + (361800 \times 17.8\%) + (180900 \times 0.5\%) = 65304.90.$$

实际比赛中，法哈的公共牌是 6♣K♥8♥7♠3♦，他最终获得了巨大的底池筹码，即 361800 美元. 在这个问题和例 4.3.3 中，X 的期望值并不等于任何可取的 X 值.

例 4.2.7 在第三季高筹码扑克比赛第 1 集中，盲注是 300 美元和 600 美元，六位玩家每人的前注是 100 美元. 维特·拉姆汀（Victor Ramdin）的底牌是 J♣8♣，其在翻牌圈前就跟注了 600 美元的大盲注. 其他两位玩家弃牌. 威廉姆·陈（William Chen）的底牌是 10♠9♠，在大盲注和小盲注位置上的迈克·马图索和杰米·高德下注 600 美元. 翻牌圈是 K♥J♠10♦，马图索和高德过牌，拉姆汀下注 2500 美元，陈跟注. 马图索和高德弃牌. 转牌是 8♦，拉姆汀过牌，陈下注 5000 美元，拉姆汀加注并全押 9500 美元. 在这种情况下，陈面临着一个艰难的抉择，他思考后最终决定跟注. 设 $X=$ 陈从底池中赢得的筹码数，也就是说，如果陈赢得了比赛，那么 X 就是底池中的整个筹码，如果陈输了比赛，那么 $X=0$. 如果只知道翻牌、转牌以及拉姆汀和陈的底牌，请计算 $E(X)$. 从期望值的角度来看，跟注或者弃牌哪种选择对陈更有利？期望值各是多少？

答案：如果陈赢了，那么 $X=$ 前注 $600+2400+5000+10000+19000=37000$，因为已经知道了八张牌，所以河牌还剩下 44 种选择，陈如果是 Q、10 或 8 的话，就能获胜. 能使得陈获胜的牌有 9 张，所以任何一张牌出现的概率是 9/44. 那么 $E(X) = (37000 \times 9/44) + (0 \times 35/44) \approx 7568$. 由于最后的下注筹码是 9500 美元，如果他不跟注，而是弃牌的话，陈的期望值就能最大化，两者之间的差距大约是 $9500 - 7568 = 1932$. 在实际的比赛中，河牌是 4♥，拉姆汀赢得了 37000 美元的底池.

这道例题表明，如果你知道了对手的牌，就能够使用期望值这个概念来决定你下一步的对策. 例如, 如果威廉姆·陈能准确知道维特·拉姆汀的牌的话, 陈就会弃牌以最大化他的期望收益, 但是其差异只有 1932 美元. 在这场比赛中, 考虑到底池筹码的数量, 这个差异数值是非常小的. 对陈来说, 这无疑是千钧一发的时刻, 同时也是难以抉择的时刻, 而对于我们这些旁观者来说, 如果我们知道了两位玩家的牌的话, 只需要归结到简单的计算即可. 这个情景其实在例 4.2.6 对手全押, 而自己只考虑是跟注还是弃牌时, 已经进行了很大程度的简化. 在下一章, 我们会讨论这些决策类型的公式以及更加复杂的变量.

在我们进行接下来的讨论之前, 我们需要注意的是尽管做每次决策时都可以根据最大化期望值来进行, 但是有时候短视策略并不是最优的方法. 例如, 在一场现金比赛中, 你希望迷惑对手, 给对手造成一种你是非常激进或是极度谨慎的玩家的错觉, 这种长期形成的印象会准确地改变一个人的决策, 而并不是仅仅根据筹码的期望数. 同样地, 在非赢家通吃的联赛中, 赢家并不只是根据他们的筹码来获胜, 同时, 坚持到最后的才是赢家, 所以你可能选择铤而走险, 并避免期望值较好的结果. 事实上, 许多扑克策略丛书建议在奖金可能破灭之前使用攻击性的积极策略, 因为在如此接近胜利之时, 许多玩家往往会很谨慎, 几乎每一局都会弃牌. 一些教材会嘲讽那些在临近失败还小心翼翼、谨慎应付每一局的玩家, 认为在失败来临之前使用进攻性玩法, 下注中度或是非常大的筹码, 这种做法是非常好的策略. 但即使如此, 有时候每一局下注小筹码的谨慎性玩法也不失为一个最优的策略. 在非赢家通吃联赛的其他阶段, 玩家是选择谨慎性玩法还是攻击性玩法, 除了根据筹码的期望值, 还取决于其他方面, 尤其是奖金逐渐减少的情况下更需要考虑许多方面. 尽管有些研究, 如金（Kim）（2005）, 认为对于目前许多重大锦标赛都会使用的奖金结构类型, 即短视原理仍然是最优的或是接近于最优策略的.

4.3　底池赔率

玩德州扑克进行决策时, 往往要考虑到许多因素. 人们通常一定会做的就是猜测对手们手中可能有的牌, 考虑诈牌这种行为是否会生效等. 但是, 在某些情况下, 决策只需要归结到简单的数学计算即可.

假设你只有一个对手, 而这个对手跟注（或加注）, 并全押. 现在你唯一能做的就是跟注或是弃牌. 如果你的目标是要最大化筹码的期望值, 那么跟注后能获胜的概率是多少?

设 b = 跟注的赌注，也就是你要跟注所需要拿出的额外筹码．例如，你下注 100，你的对手全押 800，那么 $b=700$，假设你手中还有 700 的筹码．如果你下注 100 后手中只有 400 的筹码，那么 $b=400$．

设 c = 如果你跟注并且获胜了，那么你所得到底池的现有规模．注意这个底池中的筹码也包括对手的下注筹码．

设 p = 如果你跟注能够获胜的概率．为了简便起见，我们不考虑平分底池的情况，因此跟注后输给对手的概率就是 $1-p$．

设 n = 你现在所拥有的筹码的数量．

设 a = 这一轮结束后你所拥有的筹码数量．

如果你弃牌，那么这一轮结束后你手中的筹码百分之百就是 n．在这种情况下，$E(a)=n$．

在跟注的情况下，如果你输了，那么就有 $n-b$ 个筹码；如果你赢了，那么你就有 $n+c$ 个筹码．所以在跟注的情况下，$E(a)=[(n-b)\times(1-p)+(n+c)\times p]=n(1-p+p)-b(1-p)+cp=n-b+bp+cp$．

因此，如果你想要 $E(a)$ 最大化的话，只有在 $n-b+bp+cp>n$ 的情况下才能跟注，也就是

$$p>b/(b+c) \qquad (4.3.1)$$

这个比率系数，$r=b/(b+c)$，就是你下注的筹码除以跟注后底池的规模，它在扑克计算中经常出现．注意到 r 并不是直接与 n 相关的．但是，如果对手下注的筹码要大于 n，那么此时 b 等于 n，并不是等于对手所下的筹码，因为此时你手中只有仅剩的赌注，也只有靠这些赌注才有可能获胜．

在条件（4.3.1）中的 cp 被扑克玩家称为底池的**期望利益**，从期望值的角度来说，在没有其他下注的前提下，也就是你期望能获得的底池中的一部分筹码．

注意到条件（4.3.1）只有在以下特殊的约束条件下才成立：

a）在这手牌后，你希望最大化筹码的期望数量．

b）你确定或者能够估计出这把牌能获胜的概率 p．

c）你只有一个对手．

d）你的对手下注全押．

e）平分底池的概率是 0 或是可以忽略．

约束条件 a）能适用于现金游戏以及赢家通吃联赛中的大多数情况，但是在一些其他的联赛中可能不太适用．约束条件 b）比较复杂，因为这种概率的估计

往往取决于你能辨认出对手手牌或其手牌范围的能力，这种能力是区分专业扑克玩家和其他玩家的衡量手段之一. 在某些情况下，即使没有满足约束条件 c)、d) 或 e)，条件 (4.3.1) 也可以进行简单地修正，本章接下来的内容将会讨论这些情况. 在大多数情况下，直接计算和比较每种选择的期望值更加简单，就如例 4.2.5 一样，我们并不需要涉及条件 (4.3.1).

　　每本有关扑克技巧的书籍几乎都会涉及条件 (4.3.1) 的各种不同变形版本. 扑克玩家常常从几率而不是概率的角度来讨论 3.3 节中的计算问题. 在上述的情形中，为了最大化筹码的期望数值，如果你获胜的几率大于 b/c，那么你就应该跟注. 扑克玩家常常会把这种条件表示的更加复杂：如果使你不输掉比赛的几率小于比率 c/b，这个比率他们通常写成 $c:b$，指的是你的**底池几率**，那么你就应该跟注.

　　例 4.3.1　回顾一下例 4.2.7 中陈和拉姆汀的那手牌. 比较 p 和 $b/(b+c)$ 以证明跟注或是弃牌能否最大化陈的期望利益.

　　答案：这道题中，$p = 9/44 \approx 20.5\%$，$b = 9500$，$c = 24500$，所以比率 $r = b/(b+c) \approx 27.9\%$. 由于 $p < 27.9\%$，再次证明了在例 4.2.7 中的选择，陈应该弃牌而并不是跟注，这样才能最大化他的期望利益.

　　当你的对手不全押时，约束条件 d) 就不满足了. 在这种情况下，弃牌、跟注或是再加注这些选择就不会非常明确. 如果你跟注了现有赌注，而在这个回合的后半段才开始领先，那么你获得的筹码要比关系式 (4.3.1) 中的 $b+c$ 的数量多，因为你可能让你的对手在后半段的回合中失去更多的筹码. 同样地，当你跟注现有的赌注后，你可能在下一回合中要面临另外的赌注，这样你损失的筹码就不止 b 这么多了. 扑克玩家使用**潜在底池赔率**和**反向潜在底池赔率**这两个术语来讨论上述情况的两个概率问题，术语**底池赔率**或**专门期望赔率**指的就是简单的比例 $c:b$. 例如，如果在转牌圈你需要下注 b，而目前底池的规模是 c，你在河牌圈能获胜的概率是 p，这样你就能在河牌圈从你的对手那里赢得额外的 d 筹码，这样你的底池赔率就是 $c:b$，你的潜在底池赔率就是 $(c+d):b$. 从概率的角度要使得筹码的期望值最大化的话，如果 $p \geq b/(b+c+d)$，那么就应该跟注. 如果上述所有的情况都是真的，并且你在河牌圈输掉了比赛，那么你在河牌圈就输掉了额外的 e 筹码，这样相应的比率就是 $(b+e)/(b+c+d)$. 但是，河牌常常能决定你是否能够赢得或是输掉额外的筹码，这样，上述的比率就不适用了，在下一个例题中就说明了这种情况.

例4.3.2 高筹码扑克比赛的第二季第四集中有一个回合是这样的：敏·李（Minh Ly）的底牌是 K♥K♦，加注到 11000 美元，丹尼尔·内格里诺的底牌是 A♠J♠，跟注．李的翻牌是 8♠7♥2♠，下注 18000 美元，内格里诺跟注．转牌是 4♣，李下注 50000 美元．现在只知道这 8 张牌，从最大化期望利益的角度，内格里诺是该跟注还是该弃牌呢？现在我们简单假设：

如果河牌是一张 A，那么内格里诺会下注 80000 美元，李弃牌．

如果河牌是黑桃，那么内格里诺会下注 80000 美元，李跟注．

如果河牌是一张 J，那么李下注 80000 美元，内格里诺跟注．

如果河牌是其他的牌，那么李下注 80000 美元，内格里诺弃牌．

答案：假设他跟注，设 X 表示内格里诺相对于弃牌的收益．我们要计算的就是 $E(X)$．在内格里诺跟注前，现在的底池规模 c 是 $22000 + 36000 + 50000 = 138000$．还剩下 44 张牌等可能地出现在河牌圈．如果河牌是一张 A，那么内格里诺就获胜了，$X = 138000$，如果河牌是一张黑桃，那么内格里诺赢得了现有的 138000 美元外，还赢得了从李那边跟注的 80000 美元，所以他的收益就是 218000 美元．如果河牌是一张 J，那么内格里诺损失的不仅仅是 $b = 50000$，还有额外的 80000 美元，所以 $X = -130000$，如果河牌是其他 29 张牌中的任意一张，那么 $X = -50000$．因此，$E(X) = (3/44 - 138000) + (9/44 \times 218000) + [3/44 \times (-130000)] + [29/44 \times (-80000)] = 9409.1 + 44590.9 - 8863.6 - 52727.3 \approx -7591$，所以在这些假设条件下，内格里诺跟注的期望收益比弃牌的收益少．

在实际的比赛中，内格里诺决定弃牌，玩家们看了一下河牌，发现是一张 J♣．

例4.3.2 阐述了一个有关无限赌注德州扑克中的期望利益计算的重要问题．假设内格里诺在翻牌圈跟注，一般我们把 p 当成是内格里诺在摊牌阶段获胜的概率．但是，如果李在转牌圈很有可能下注 50000 美元，在这种情况下，内格里诺则会弃牌，那么此时 p 就应该计算成是内格里诺只在转牌圈有优势的概率．当然，还有更加复杂的情况：在现实中玩牌时，玩家一般都不知道对手的底牌或是对手接下来将会使用何种战略．

如果除了约束条件 c），其他约束条件都满足时，例如，你的对手不止一个，这种情况和条件（4.3.1）的直接应用很相似，假设你手中的筹码是最少的，计算这种情况的概率仍然是需要使用比率 r 来比较获胜的概率，这时的 r 等于你下的赌注除以跟注并获胜后所获得的底池规模．

例4.3.3 再次回顾一下 1.1 节关于 WSOP 的例题．在这里我们简要说明一下：瓦萨卡在开局时的筹码是 1800 万，宾格是 1100 万，高德是 6000 万．瓦萨卡的底牌是 8♠7♠，宾格的底牌是 A♥10♥，而高德的底牌是 4♠3♣．在发翻牌之前，宾格加注到 150 万，瓦萨卡和高德跟注．翻牌是 10♣6♠5♠．宾格下注 350 万，高德加注并全押．现实的情况是瓦萨卡弃牌了．但是如果瓦萨卡跟注了，那么宾格就面临了一个很有趣的决择，如果他弃牌了，那么他所希望的就是高德能打败瓦萨卡，这样宾格可以保证他至少是第二名，就能获得额外的 200 万奖金．但是，如果他跟注并且获胜了，那么他将有 3300 万的筹码，并有很大的可能取得第一名的位置．从筹码的期望值角度计算，跟注或弃牌是一个很简单的抉择，尤其是我们假设他知道对手的手牌时．在这种假设下，比较跟注或是弃牌，哪种选择能最大化筹码期望值：a) 直接比较宾格跟注或弃牌情况下的期望值；b) 比较 p 和 r．

回答：a) 如果宾格弃牌，那么他手中的筹码最终为 600 万（$1100 - 150 - 350 = 600$）．所以他弃牌后的筹码期望值就是 $100\% \times 6000000 = 6000000$．如果他跟注了，假设他获胜了，他将会有 3300 万的筹码，如果他输了，那么他的筹码数量就是 0．转牌和河牌的组合数有 C_{43}^2 种，宾格获胜的组合或者是 (a, b)，其中 a 和 b 是剩余牌中非黑桃、非 2，3，4，7，8，9 的 22 张牌中的任意一张；或者是 (a, c)，其中 $c = 3♦$ 或 $3♥$；或者是 (a, d)，其中 $d = 8$，或是 (c, d)，或是 $(10♠, e)$，其中 $e = 5$ 或 6 或 A 或 10♦，或是 $(A♠, f)$，其中 $f = 10♦$，A♣ 或是 A♦．所以 $p =$ 宾格获胜的概率 $= (C_{22}^2 + 22 \times 2 + 22 \times 3 + 2 \times 3 + 1 \times 10 + 1 \times 3)/C_{43}^2 = 360/903 \approx 39.9\%$，那么宾格跟注下的筹码期望值约为 （$33000000 \times 39.9\%$）$+$（$0 \times 60.1\%$）$\approx$ 13200000．

如果宾格使用短视策略来最大化筹码期望值的话，那么他肯定会跟注，因为 13200000 美元比 6000000 美元要多很多．

b) 这里的 $r = 6000000/33000000 \approx 18.2\%$，$p = 39.9\% > 18.2\%$，所以跟注能够最大化他的筹码期望值．

注意：尽管短视策略明确显示应该跟注，但在现实中，这其实是一个很艰难的抉择，因为这并不是一个赢家通吃的联赛，也不是短视策略能够适用的情况．如果宾格弃牌了，他成为第二名的可能性就会大大增加，另一方面，如果他跟注，那么成为第一名的可能性增加了，同时也增加了成为第三名的可能性．

如果你的某一个对手比你的筹码少，那么情况就会变得更加复杂，因为即使你输给了对手，你仍然有可能打败其他对手赢得边池筹码．同样地，如果约束条件 e) 不满足，那么当涉及赢得底池的可能性时，你必须要考虑平分底池的概率．在这种情况下，我们要考虑的概率不止一种，并且，在这个局面下，关系式（4.3.1）就不太适用了，我们更容易直接比较每种选择下的期望值来进行抉择，见以下例题．

例 4.3.4 回顾一下上一道例题，这次从瓦萨卡的角度来思考．为了简化情景，假设瓦萨卡知道对手的底牌是什么，同时也知道如果高德全押且他跟注的话，宾格也会跟注．如果瓦萨卡希望这个回合后能够最大化他的筹码期望值，那么高德全押后，他应该跟注还是弃牌？

答案：如果瓦萨卡跟注，那么就会出现四种情况．1）如果瓦萨卡获胜了，那么他将从宾格那里赢得 1100 万的筹码以及从高德那里赢得 1800 万的筹码，所以他最后的筹码就变为 4700 万．2）如果高德打败了瓦萨卡，那么瓦萨卡就将他所有的筹码都输给了高德．3）如果宾格获胜并且瓦萨卡打败了高德，那么瓦萨卡就输给了宾格 1100 万的筹码，但是他从高德那里赢得了 700 万的筹码，所以瓦萨卡最终的筹码就是 1400 万．4）最后一种情况的概率是转牌和河牌的组合是 $(5, 6)$，在这种情况下，宾格获胜，同时高德和瓦萨卡平分边池．对于高德和瓦萨卡，他们最好的五张牌包含了五张公共牌，这样瓦萨卡就输了 1100 万给宾格，而没能从高德那里赢得筹码，所以瓦萨卡最终还剩 700 万筹码．

每种结果的概率都需要计算．瓦萨卡获胜的概率在例 2.4.6 中已经计算出来了，是 $486/903 \approx 53.82\%$．如果转牌和河牌的组合是 $(2n, 2n)$、$(2n, a)$、$(3\heartsuit, 3\diamondsuit)$、$(3n, b)$、$(7, 7)$、$(7, c)$ 或是 $(2\spadesuit, 3\spadesuit)$，那么高德就能打败瓦萨卡，其中 n 表示非黑桃的花色，a 表示非黑桃、非 2、非 4 或是非 9 的牌（$43 - 8 - 3 - 3 - 3 = 26$ 张牌），b 表示非黑桃、非 2、非 3、非 4、非 8 或是非 9 的牌（21 张牌），c 表示非黑桃、非 2、非 3、非 4、非 7 或是非 9 的牌（21 张牌）．

因此，高德能打败瓦萨卡的概率是 $(C_3^2 + 3 \times 26 + 1 + 2 \times 21 + C_3^2 + 3 \times 21 + 1)/C_{43}^2 = 191/903 \approx 21.15\%$．

如果转牌和河牌的组合是 $(8n, d)$、$(10\spadesuit, e)$、$(A\spadesuit, f)$、$(5n, 5n)$、$(6n, 6n)$、$(5n, g)$、$(6n, g)$ 和 (g, h)，那么瓦萨卡输给宾格但是打败了高德，其中 n 表示非黑桃的灰色，d 表示非黑桃、非 2、非 4、非 7、非 8 或是非 9 的牌（总共有 20 张牌），e 表示 5 或 6 或 A 或是 $10\diamondsuit$，f 表示 $10\diamondsuit$、A$\clubsuit$ 或是 A$\diamondsuit$，g 和 h 可以是非黑桃的 10、J、Q、K 或是 A（在这个分类下有 12 张牌）．

所以相应的概率就是 $(3 \times 20 + 1 \times 10 + 1 \times 3 + C_3^2 + C_3^2 + 3 \times 12 + 3 \times 12 + C_{12}^2)/C_{43}^2 = 217/903 \approx 24.03\%$．

最后，瓦萨卡输给宾格但是和高德平分边池的概率就是转牌和河牌的组合为 (5，6) 的概率，也就是 $3 \times 3/C_{43}^2 = 9/903 \approx 1.00\%$．

注意到这些概率相加等于1，即 $53.82\% + 21.15\% + 24.03\% + 1.00\% = 100\%$．所以如果瓦萨卡跟注，所获得的筹码期望值是 $(53.82\% \times 47000000) + (21.15\% \times 0) + (24.03\% \times 14000000) + (1.00\% \times 7000000) \approx 28700000$．如果瓦萨卡弃牌，那么他100%能获得16500000美元的筹码．如果他的目标是最大化筹码期望值，那么他当然应该跟注．

事实上，瓦萨卡摇摆不定，最终决定弃牌．显然，由于这场联赛并不是赢家通吃的，短视策略是不适用的，而且瓦萨卡本应该想到在接下来的比赛中他可能赢过对手．在这种情况下，联赛并不是匀衡的，短视策略也并不一定是最优的，玩家可以选择性地回避期望值有优势的情况，耐心等待接下来的更加有优势的情况出现．注意：瓦萨卡在联赛的最终似乎都不能战胜高德，一般情况下，玩家总是认为自己的策略技巧要高于对手，但是这种玩家在实际比赛中往往表现得更差，这是多么讽刺的一件事．扑克技巧是很难量化的，但是在接下来的章节中我们将会讨论有关这些测量方法的一些想法．

4.4 德州扑克中的运气和技巧

人们对德州扑克是一种运气型游戏还是技巧性游戏展开了激烈的讨论．而让讨论情况更加复杂的是：**运气**和**技巧**这两个词语在本质上是很难定义的．但奇怪的是，这些术语的严格定义似乎已经在游戏规则的书籍和杂志文章中深深扎根了．一些文章从不同玩家的结果的方差角度来定义技巧，如果一种游戏主要是靠运气，那么不同的玩家的表现结果应该是相同的，相反如果游戏主要是靠技巧，那么表现出的结果将会有很大的不同．而另一种定义则认为技巧是玩家的提高程度或是提升空间，而事实也证明扑克玩家确实在很大程度上有这种特性（例如德东诺（Dedonno）和德特曼（Detterman），2008）．其他定义技巧的方法则是用某个选定玩家的不同结果作为变量进行定义，因为较小的变动显示了：为了确定玩家在游戏中长期情况下的统计显著性，较小的重复是必要的，由此也可以让玩家尽早确定他的平均收益或是损失是靠技巧而非短期的运气．

但是，以上的定义从各种原因上看，明显是有问题的．第一，这两个定义都是建立在不断重复的游戏基础上，但是在玩这种游戏时，甚至还没有对运气或是技巧进行简略的评估．而更严重的问题是，每个玩家之间的运气成分其实存在着很小的差异, 而每个玩家的结果却有很大的不同. 例如, 在奥林匹克联赛的百米赛跑中, 每位玩家的差距是非常小的, 仅仅只有零点零零几秒的差距. 但是这不能说明结果主要取决于运气成分. 而在体育比赛中, 即使是同一个选手, 他某一天的比赛结果和另外一天的比赛结果也可能有很大的差别. 例如棒球手的投球, 我们不能说运气成分在选手的投球过程中起了最重要的作用.

当涉及对某一特定扑克游戏中运气或是技巧的成分进行量化定义时, 有一种说法是将运气定义为荷官发出的牌能使玩家获得的期望利益, 而技巧则定义为在各个下注圈, 玩家的决策所获得的期望利益. (回顾一下 4.3 节中的期望利益的定义, 期望利益等于 cp 的乘积) 也就是说, 在手牌中, 你可能获得的期望利益由以下几种情况构成:

◇ 荷官发出的牌 (无论是玩家的底牌, 还是翻牌、转牌或河牌) 能使你在摊牌时有更大的可能性获胜.

◇ 在你有更大的可能性在摊牌阶段赢过其他对手的情况下, 底池规模被扩大.

◇ 通过下注来诈牌, 使得其他对手弃牌, 这样你就赢得了本该输掉的底池.

有人把第一种情况称为运气, 排除人们认为的第六感和时间观念, 我们也许可以通过上述的第二种或第三种情况来估计扑克技巧. 也就是说, 我们可以将技巧看作是下注圈所能获得的期望利益, 而运气则看成是发出的牌所能够带来的期望利益. 在这样定义的基础上, 可以很容易地进行定量计算, 我们可以通过剖析某场扑克比赛来分析每位玩家由运气和技巧所能带来的期望利益.

当然, 对于上述定义, 还存在着很多反对的声音. 首先, 为什么用期望利益这个词? 底池的期望利益 (也称为**专门期望利益**) 是指在未来不下注的假设情况下从底池能获得的期望回报, 而未来不下注的这个假设看上去是十分荒谬和不现实的. 另一方面, 专门期望利益和潜在期望利益不同, **潜在期望利益**需要诠释的是未来下注圈的下注筹码, 从这方面看来, 专门期望利益有着明确的定义, 而且容易估算. 其次, 存在这样的情况: 一位糟糕的玩家可能在下注圈战胜世界级的厉害玩家而获得期望利益, 而此时如果将他获得的期望利益归功于运气的话显然是令人反感的. 例如, 在一场德州扑克的开始阶段, 如果两位玩家发到的底牌分别是 AA 和 KK, 底牌是 KK 的玩家在后面的回合中不断下注大量筹码, 在这种情况下, 我们往往会认为底牌是 KK 的玩家运气太差, 而不会将矛头指向其技巧的缺失. 但是, 其实运气是很难界定的. 事实上, 大多数玩家凭借着极大而又脆弱的自我意识, 无形中将自己的失败纯粹地归因于运气. 在某种意义上说, 如果一个人对运气这个词有其自己的概括性界定，那么其实任何事情都可以归咎于运气. 即使一个玩家确实拥有顶尖的扑克技巧，例如该玩家牌型很好，但是根据其强大的洞察能力以及下注模式，他仍然聪明地选择了弃牌. 有人可能认为玩家只是碰巧洞察到了失败的结局，有些人甚至会说，玩家只是运气好，天生有洞察结果的能力. 而另一方面，像这种 KK 对决 AA 的情况，似乎确实是运气比较差. 想要对这个问题进行改进是很困难的. 技巧这个词太抽象了，非常难以把握，如果我们对从期望利益角度研究比赛回合很感兴趣的话，不妨使用**下注圈获得的期望利益**这个术语来代替技巧这个词.

接下来的这个拓展的例题就揭示了在一场德州扑克的比赛中运气和技巧的区别. 这个例题使用的是 2009 年 10 月的第一个星期的深夜扑克电视节目的最后一场联赛. 这场比赛中，还剩下达里奥·米尼埃里（Dario Minieri）和霍华德·莱德勒（Howard Lederer）这两位玩家. 由于这场比赛只剩下了两位玩家，并且每个回合都是电视直播，所以我们就有机会通过这个例题解析出莱德勒获胜，运气和技巧分别在其中占据了多少成分.

技术方面的提醒：在我们开始解析之前，我们需要弄清楚一些词语的潜在歧义. 由于大小盲注的筹码是不一样的，翻牌圈之前的期望利益这个定义就存在着一定的歧义. 在这里我们将翻牌圈之前的期望利益定义为期望收益（也就是跟注损失成本后可获得的底池的期望利益），假设大小盲注也跟注了或是假设玩家弃牌能获得的期望利益，无论是哪种假设期望利益的选择都是更大的那个数. 例如，在一场德州扑克的单挑赛中，盲注分别为 800 美元和 1600 美元，大盲注翻牌前的期望利益就是 $2bp - 1600$，而小盲注翻牌前的期望利益则为 $\max\{2bp - 1600, -800\}$，此时，p 是在摊牌阶段能获胜的概率，而 b 是大盲注的数量. 我们规定底池规模的增加与大盲注有关，例如，在翻牌圈前跟注而使得底池规模增加并不将其归为技巧成分. 摊牌阶段获胜的概率 p 需要通过 cardplayer.com 这个网页上的概率计算器计算得到，而平局的概率则要在两位玩家之间进行平分以确定 p 的概率.

例 4.4.1 接下来将列出 2009 年 10 月深夜德州扑克单挑阶段的所有 27 把牌，单挑的两位玩家分别是里奥·米尼埃里和霍华德·莱德勒，每把牌期望利益的输赢会按照运气或是技巧进行区分. 每把牌都会从米尼埃里的角度来分析，例如，"技巧-100"指的是在下注圈莱德勒获得了 100 美元的筹码. 现在我们致力于解决的问题是：莱德勒的获胜，技巧和运气分别占多少比例？

答案：例如，在第四把牌中，盲注为 800 和 1600，米尼埃里的底牌是 A♣J♣，莱德勒的底牌是 A♥9♥，米尼埃里加注到 4300 美元，莱德勒跟注. 翻牌是 6♣10♠10♣，莱德勒过牌，米尼埃里下注 6500 美元，莱德勒弃牌.

a) 翻牌圈前的发牌（运气）：米尼埃里 +642.08. 米尼埃里摊牌能获胜的概率为 70.065%，所以他期望利益的增加就是 70.065% × -3200 - 1600 = 642.08 美元筹码. 莱德勒摊牌能赢得底池的概率是 29.935%，所以他期望利益的增加就是 29.935% × 3200 - 1600 = -642.08 美元筹码.

b) 翻牌圈前的下注（技巧）：米尼埃里 +1083.51. 底池增加到 8600 美元. 8600 - 3200 = 5400. 米尼埃里需要付出额外的 2700 美元筹码，同时也获得了 70.065% × 5400 = 3783.51 美元的额外期望利益. 相对地，莱德勒的期望收益就是 -1083.51 筹码，因为 29.935% × 5400 - 2700 = -1083.51.

c) 翻牌圈的发牌（运气）：米尼埃里 +1362.67. 发出翻牌后，米尼埃里摊牌后能获得 8600 筹码的底池的概率从 70.065% 增加到了 85.91%. 所以运气成分给米尼埃里增加的期望利益就是（85.91% - 70.065%）× 8600 = +1362.67 美元筹码.

d) 翻牌圈的下注（技巧）：米尼埃里 +1211.74. 因为在翻牌圈的下注，米尼埃里的期望利益由原来 8600 美元筹码底池的 85.91% 增加到了目前的整个底池，所以米尼埃里增加的期望利益就是（100% - 85.91%）× 8600 = 1211.74.

在整局中，从运气上看，米尼埃里的期望利益增长到 642.08 + 1362.67 = 2004.75 美元筹码；从技巧上看，米尼埃里的期望利益增长到 1083.51 + 1211.74 = 2295.25 美元筹码.

注意到：合计数 = 2004.75 + 2295.25 = 4300，这个合计数就是米尼埃里从莱德勒的这把牌中所获得的筹码数量.

同时我们注意到在单挑赛开始前，报道称米尼埃里有 72000 美元筹码，而莱德勒只有 48000 美元筹码. 因为米尼埃里输掉的筹码总计有 74500 米尼埃里一定从其他并没有在电视上播出的回言中赢得了一些筹码.

（盲注 800 美元和 1600 美元）

回合 1：莱德勒的底牌是 A♣7♠，米尼埃里的是 6♠6♦. 莱德勒胜率为 43.5359%. 米尼埃里的为 56.465%. 莱德勒加注到 4300 美元，米尼埃里加注到 47800 美元. 莱德勒弃牌.

运气 +206.88，技巧 +4093.12.

回合 2：米尼埃里的底牌是 4♠2♦，莱德勒的是 K♠7♥. 米尼埃里胜率为

34.36%，莱德勒胜率为 65.64%．米尼埃里加注到 4300 美元，莱德勒全押，为 43500 美元．米尼埃里弃牌．

运气 −500.48，技巧 −3799.52．

回合 3：莱德勒的底牌是 6♥3♦，米尼埃里的是 A♦9♣，莱德勒胜率为 34.965%，米尼埃里胜率为 65.035%．莱德勒以小盲注弃牌．

运气 +481.12，技巧 +318.88．

回合 4：米尼埃里的底牌是 A♣J♣，莱德勒的是 A♥9♥．米尼埃里胜率为 70.065%，莱德勒胜率为 29.935%．米尼埃里加注到 4300 美元，莱德勒跟注 2700 美元．翻牌是 6♣10♠10♣．米尼埃里的胜率增加到 85.91%，而莱德勒降为 14.09%．莱德勒过牌，米尼埃里下注 6500 美元．莱德勒弃牌．

运气 +2004.75，技巧 +2295.25．

回合 5：莱德勒的底牌是 5♠3♥，米尼埃里是 7♦6♠．莱德勒胜率为 35.765%，米尼埃里胜率为 64.235%．莱德勒以小盲注弃牌．

运气 +455.52，技巧 +344.48．

回合 6：米尼埃里的底牌是 K♥10♦，莱德勒的是 5♦2♦．米尼埃里胜率为 61.41%，莱德勒胜率为 38.59%．米尼埃里加注到 3200 美元，莱德勒加注到 9700 美元，米尼埃里弃牌．

运气 +365.12，技巧 −3565.12．

回合 7：米尼埃里的底牌是 10♦7♠，莱德勒的是 Q♣2♥．米尼埃里胜率为 43.57%，莱德勒胜率为 56.43%．米尼埃里加注到 3200 美元，莱德勒跟注 1600 美元．翻牌是 8♠2♠Q♥，米尼埃里的胜率降为 7.27%，莱德勒的增加到 92.73%．莱德勒过牌，米尼埃里下注 3200 美元，莱德勒跟注．转牌是 4♦，米尼埃里胜率为 0%，莱德勒则是 100%．莱德勒过牌，米尼埃里下注 10000 美元，莱德勒跟注．河牌是 A♥，莱德勒过牌，米尼埃里过牌．

运气 −205.76 − 2323.20 − 930.56 = −3459.52．

技巧 −205.76 − 2734.72 − 10000 = −12940.48．

回合 8：莱德勒的底牌是 7♣2♦，米尼埃里的是 9♣4♦．米尼埃里胜率为 64.28%，莱德勒胜率为 35.72%．莱德勒弃牌．

运气 +456.96，技巧 +343.04．

回合 9：米尼埃里的底牌是 4♠2♣，莱德勒的是 8♥7♦．米尼埃里胜率为 34.345%，莱德勒胜率为 65.655%．米尼埃里加注到 3200 美元，莱德勒跟注 1600 美元．翻牌是 3♦9♥J♥，米尼埃里的胜率降为 22.025%，莱德勒的增加到

77.975%，莱德勒过牌，米尼埃里下注4800美元，莱德勒弃牌.

运气 −500.96 − 788.48 = −1289.44，技巧 −500.96 + 4990.40 = +4489.44.

回合10：莱德勒的底牌是K♠5♠，米尼埃里的是K♥7♣. 米尼埃里胜率为59.15%，莱德勒胜率为40.85%. 莱德勒跟注800美元，米尼埃里加注到6400美元，莱德勒弃牌.

运气 +292.80，技巧 +1307.20.

回合11：米尼埃里的底牌是A♥8♥，莱德勒的是6♥3♠. 米尼埃里胜率为66.85%，莱德勒胜率为33.15%，米尼埃里加注到3200美元，莱德勒弃牌.

运气 +539.20，技巧 +1060.80.

回合12：莱德勒的底牌是A♦4♦，米尼埃里的是7♦3♥. 米尼埃里胜率为34.655%，莱德勒胜率为65.345%，莱德勒加注到4300美元，米尼埃里加注到11500美元，莱德勒弃牌.

运气 −491.04，技巧 +4791.04.

回合13：米尼埃里的底牌是6♣3♣，莱德勒的是K♠6♠，米尼埃里胜率为29.825%，莱德勒胜率为70.175%，米尼埃里加注到4800美元，莱德勒跟注3200美元. 翻牌是5♥J♣5♣，米尼埃里胜率上升到47.425%，莱德勒胜率下降到52.575%. 莱德勒过牌，米尼埃里下注6000美元，莱德勒弃牌.

运气 −645.60 + 1689.60 = +1044，技巧 −1291.20 + 5047.20 = +3756.

回合14：莱德勒的底牌是7♦5♠，米尼埃里的是8♦5♦. 米尼埃里胜率为69.44%，莱德勒胜率为30.56%. 莱德勒跟注800美元，米尼埃里过牌. 翻牌是K♥10♠8♣，米尼埃里胜率上升到94.395%，莱德勒胜率降为5.605%. 米尼埃里过牌，莱德勒下注1800美元，米尼埃里跟注. 转牌是7♠，米尼埃里胜率上升到95.45%，莱德勒胜率下降到4.55%，米尼埃里过牌，莱德勒过牌. 河牌是6♥，两位玩家都过牌.

运气 +622.08 + 798.56 + 71.74 + 309.40 = 1801.78.

技巧 0 + 1598.22 + 0 + 0 = 1598.22.

盲注1000和2000

回合15：米尼埃里的底牌是9♦5♠，莱德勒的是A♥5♦. 米尼埃里胜率为26.755%，莱德勒胜率为73.245%. 米尼埃里跟注1000美元，莱德勒加注到7000美元，米尼埃里加注到14000美元，莱德勒跟注7000美元. 翻牌是10♠Q♦6♥，米尼埃里胜率下降为15.35%，莱德勒胜率上升为84.65%，莱德勒过牌，米尼埃里下注14000美元，莱德勒弃牌.

运气 −929. 80 −3193. 40 = −4123. 20，技巧 2 = 18123. 20.

回合 16：莱德勒的底牌是 5♠5♥，米尼埃里的是 A♣J♦，米尼埃里胜率为 46. 085%，莱德勒胜率为 53. 915%. 莱德勒跟注 1000 美元，米尼埃里加注到 26800 美元，莱德勒跟注全押. 台面上的公共牌是 3♠9♠K♠10♦9♦.

运气 −156. 60 −24701. 56 = −24858. 16，技巧 −1941. 84.

回合 17：米尼埃里的底牌是 K♣10♣，莱德勒的是 7♦5♦，米尼埃里胜率为 62. 22%，莱德勒胜率为 37. 78%. 米尼埃里加注到 5000 美元，莱德勒跟注 3000 美元. 翻牌是 J♠J♦4♠，米尼埃里胜率上升到 69. 90%，莱德勒胜率下降到 30. 10%，两人过牌. 转牌是 8♠，米尼埃里胜率增加到 77. 27%，莱德勒胜率下降到 22. 73%. 莱德勒下注 6000 美元，米尼埃里弃牌.

运气 +488. 80 +768 +737 = 1993. 80，技巧 +733. 20 +0 −7727 = −6993. 80.

回合 18：莱德勒的底牌是 5♠5♣，米尼埃里的是 10♠6♥. 米尼埃里胜率为 46. 12%，莱德勒胜率为 53. 88%. 莱德勒跟注 1000 美元，米尼埃里过牌. 翻牌是 7♣8♣Q♥，米尼埃里胜率下降到 38. 235%，莱德勒胜率上升到 61. 765%. 米尼埃里过牌，莱德勒下注 2000 美元，米尼埃里跟注. 转牌是 J♥，米尼埃里胜率下降到 22. 73%，莱德勒胜率上升到 77. 27%. 米尼埃里下注 4000 美元，莱德勒弃牌.

运气 −155. 20 −315. 40 −1240. 40 = −1711，技巧 0 −470. 60 +6181. 60 = +5711.

回合 19：莱德勒的底牌是 K♥5♠，米尼埃里的是 K♣10♦，米尼埃里胜率为 73. 175%，莱德勒胜率为 26. 825%. 莱德勒加注到 5000 美元，米尼埃里跟注 3000 美元. 翻牌是 J♦8♥10♥. 米尼埃里胜率上升到 92. 575%，莱德勒的则下降到 7. 425%. 两人都过牌. 转牌是 5♦. 米尼埃里胜率增加到 95. 45%，而莱德勒的只有 4. 55%. 米尼埃里下注 6000 美元，莱德勒弃牌.

运气 +927 +1940 +287. 50 = 3154. 50，技巧 +1390. 50 +0 +455 = 1845. 50.

回合 20：米尼埃里的底牌是 7♣2♠，莱德勒的是 Q♠9♠. 米尼埃里胜率为 30. 205%，莱德勒胜率为 69. 795%. 米尼埃里加注到 6000 美元，莱德勒跟注 4000 美元. 翻牌是 A♦A♠Q♦，米尼埃里胜率下降到 1. 165%，莱德勒的则为 98. 835%. 莱德勒过牌，米尼埃里下注 6000 美元，莱德勒跟注. 转牌是 J♣，米尼埃里胜率为 0%，莱德勒的则为 100%. 莱德勒过牌，米尼埃里下注 14000 美元，莱德勒加注到 35800 美元，米尼埃里弃牌.

运气 −791. 80 −3484. 80 −279. 60 = −4556. 20，技巧 −1583. 60 −5860. 20 − 14000 = −21443. 80.

回合 21：米尼埃里的底牌是 10♥3♦，莱德勒的是 Q♥J♠，米尼埃里胜率为 30.00%．莱德勒胜率为 70.00%．米尼埃里跟注 1000 美元，莱德勒过牌．翻牌是 8♠4♥J♣，米尼埃里胜率下降为 4.34%，莱德勒胜率增加到 95.66%，莱德勒过牌，米尼埃里下注 2000 美元，莱德勒加注到 7500 美元，米尼埃里加注到 18500 美元，莱德勒加注并全押，米尼埃里弃牌．

运气 –800 = 1026.40 = –1826.40，技巧 0 – 18673.60 = –18673.60

回合 22：莱德勒的底牌是 A♠2♦，米尼埃里的是 5♣3♥．米尼埃里胜率为 42.345%，莱德勒胜率为 57.655%．莱德勒跟注 1000 美元，米尼埃里过牌．翻牌是 K♠10♣3♠，米尼埃里胜率增加到 80.10%，莱德勒的则下降到 19.90%．两人过牌．转牌是 Q♠，米尼埃里胜率为 65.91%，莱德勒胜率为 34.09%．米尼埃里过牌，莱德勒下注 –2000，米尼埃里弃牌．

运气 –306.20 +1510.20 –567.60 =636.40，技巧 0 +0 –2636.40 = –2636.40．

盲注 1500 和 3000

回合 23：米尼埃里的底牌是 7♥7♣，莱德勒的是 8♦3♦，米尼埃里胜率为 68.175%，莱德勒胜率为 31.825%，米尼埃里全押 21700 美元，莱德勒弃牌．

运气 +1090.50，技巧 +1909.50．

回合 24：米尼埃里的底牌是 Q♥5♥，莱德勒的是 8♦5♦，米尼埃里胜率为 68.37%，莱德勒胜率为 31.63%．米尼埃里全押 26200 美元，莱德勒弃牌．

运气 +1102.20，技巧 +1897.80．

回合 25：莱德勒的底牌是 9♣3♣，米尼埃里的是 5♦2♦．米尼埃里胜率为 40.63%，莱德勒胜率为 59.37%．莱德勒弃牌．

运气 –562.20，技巧 +2060.20．

回合 26：米尼埃里的底牌是 10♣2♠，莱德勒的是 7♣7♥，米尼埃里胜率为 29.04%，莱德勒胜率为 70.96%．米尼埃里弃牌．

运气 –1257.60，技巧 –242.40．

回合 27：莱德勒的底牌是 Q♣9♣，米尼埃里的是 A♣5♠，米尼埃里胜率为 55.37%，莱德勒胜率为 44.63%．莱德勒全押 29200 美元，米尼埃里跟注．台面上的公共牌是 7♣6♣10♠Q♠6♦．

运气 +322.20 –32336.08 = –32013.88，技巧 +2813.88．

总合计：运气 –61023.59，技巧 –13478.41．

总体来说，尽管莱德勒收益主要是靠运气（大约占据 81.9%），但他依靠技巧获得的期望利益比米尼埃里更多．在前 19 个回合中，米尼埃里确实依靠技巧获得了 20836.41 美元的期望利益, 看上去米尼埃里比莱德勒技高一筹. 但是在第 20 和第 21 回合中, 米尼埃里进行了诈唬, 但是这两回合的这个技巧都没有成功 (尤其在 20 回合中), 在这两个回合中, 他本来应该能充分感应到莱德勒有很大的可能跟注. 在这两个回合中, 米尼埃里依靠技巧总共损失了 40117.40 美元的期望利益. 尽管米尼埃里其他回合中都表现得非常好, 但是却不能抵消这两个回合中由于技巧所带来的巨大损失.

值得注意的是, 依靠技巧所获得最多期望利益的玩家并不总是能获胜. 例如, 在上述例题的前 19 个回合中, 米尼埃里获得 20836.41 美元期望利益的筹码归功于技巧, 但是因为运气较差, 所以米尼埃里总合计是损失的, 损失了 2800 美元的筹码. 在回合 16 中, 米尼埃里的坏运气使得他因为技巧而失去了他赢得的筹码. 我们常常会误解一个人的运气最终是守恒的, 例如, 一个人总的好运气最终会等于其坏运气总和, 但是这种想法是错误的. 假设一个玩家不断重复且独立地进行相同的游戏, 同时假设归功于运气的利益期望值是 0, 这个假设看似是合理的, 基于以上两个假设, 那么每个回合由于运气而获得的平均期望利益最终会是收敛到零. 这就是大数定理, 我们将在 7.4 节进一步讨论. 但是这个结论并不是玩家由于运气而获得的总的期望利益无限接近于零. 在 7.4 节中, 我们会讨论有关大数定理的潜在误解以及有关过分强调期望利益的激烈争论.

这章的最后, 我们纯粹依据期望利益分析比赛回合的潜在陷阱, 使用的例子是第七季高筹码扑克节目上的一个回合. 在这个回合中, 盲注是 400 美元和 800 美元, 8 位玩家每人的前注是 100 美元的筹码, 在比尔·克莱因下注 1600 美元后, 菲尔·甘福德底牌是 Q♠10♥, 他加注到 3500 美元, 罗伯特·克罗克的底牌是 A♣J♣, 跟注大盲注数量, 克莱因底牌是 10♠6♠, 跟注, 其他玩家弃牌. 翻牌是 J♠9♥2♠, 因此克罗克有了顶对, 克莱因则是同花听牌, 甘福德是两端顺子听牌. 克罗克下注 5500 美元, 克莱因加注到 17500 美元, 甘福德和克罗克跟注. 现在, 我们可以试着计算克莱因能获胜的概率, 为了计算该概率, 我们需要计算发到的转牌和河牌不能让克罗克组成葫芦并且正好一张以上的牌是黑桃的概率或是计算转牌和河牌是两张 6 或一张是 10、一张是 6 的概率, 于是计算出的概率就是 $[(8 \times 35 - 4 - 4) + C_3^2 + 2 \times 3]/C_{43}^2 = 281/903 \approx 31.12\%$. 如果克莱因手中的牌能组成同顺子, 他同样能分摊底池, 要满足分摊底池的条件, 则转牌和河牌要为 KQ 或是 Q8 或是 78, 花色都不是黑桃, 这样的概率就是 $(3 \times 3 + 3 \times 3)/C_{43}^2 = 18/903 \approx 1.99\%$. 这些组合看上去就是克莱因所需要的牌型, 如果他有随意一组转牌和河牌, 且该组合不在这个组合列表上的话, 克莱因就不太可能赢得底池,尤其是如果转牌和河牌不是非黑桃的一张 K 或 J 的话，他就更加不可能赢得底池. 但是，我们现在来看看真实的对决是怎么样的. 在真实的比赛中，转牌是 K♣，使得甘福德组成了顺子，克罗克过牌，克莱因下注 28000 美元，甘福德加注到 67000 美元，克罗克弃牌，克莱因跟注. 河牌是 J♥，克莱因诈牌 150000 美元，甘福德弃牌，这样克莱因就获得了 348200 美元的底池.

♠ 4.5 方差和标准差

数学期望在实际生活中很有用，但是它仅仅给人们提供了随机变量分布的有限信息. 实际上，我们同样对随机变量分布具体是怎样的十分感兴趣，而方差和标准差则可以作为统计分布程度的测量. 一个简单的例子就是：如果一个玩家准备在掷硬币游戏中下注 10 美元或 1000 美元的赌注，那么无论下注 10 美元还是 1000 美元（假设硬币抛掷出现的结果是随机的），他的期望收益都将是 0. 但是这两种情况在收益值的变异性方面有着很大的不同，很明显，下注 1000 美元所导致的收益变异程度会更大.

对于一个离散型随机变量 X 而言，X 的方差，数学符号简写成 $Var(X)$ 或是 $V(X)$ 或是 s^2，它被定义为：随机变量 X 与期望值之差平方的期望值. 也就是 $E[(X-\mu)^2] = \sum (b-\mu)^2 f(b)$，其中，$\sum$ 表示所有值的总和，b 也就是随机变量 X 的值，μ 和 $f(b)$ 分别表示的是 X 的数学期望和 X 的概率质量函数. 注意：$Var(X) = E[(X-\mu)^2] = E(X^2 - 2\mu X + \mu^2) = E(X^2) - \mu^2$.

X 的**标准差**（SD）是 $Var(X)$ 的算术平方根. 在某种程度上，X 的方差很难直接进行解释，但标准差通常解释为 X 的一组数值距离平均值 μ 的离散程度.

方差和标准差其实并不需要定义得那么复杂，因为我们可以通过计算 $\sum |b-\mu| f(b)$ 来测量一组数值偏离 μ 的程度，例如，离 μ 的偏差值大小的长期平均值. 而 $\sum |b-\mu| f(b)$ 也称为平均绝对偏差（MAD），尽管它的定义解释很容易，但在实际中几乎不会用到这个定义. SD 和 MAD 的解释很相似，在计算中，我们可以证明 SD 通常大于等于 MAD 的值，而除非随机变量的分布存在很大的偏移，SD 的值一般也只比 MAD 的值大一点点. SD 使用频率更高，很大程度上是因为习惯，较之 MAD，我们更容易获得 SD 的特性.

例 4.5.1 在高筹码扑克第一季的一个回合中，丹尼尔·内格里诺和依利·艾莱萨在翻牌圈就全押了，底池一共有 180800 美元的筹码. 内格里诺的底牌是 A♦10♥，艾莱萨的底牌是 6♣8♣. 翻牌是 6♠10♠8♥. 设 X 表示在这个回合后内格里诺能获得的底池的筹码数量. 假设只知道这些信息, 请计算 $E(X)$、$Var(X)$ 和 X 的标准差 $SD(X)$.

答案: 如果艾莱萨获胜了, 那么 $X = 0$; 如果内格里诺获胜了, 那么 $X = 180800$; 如果两人平分了底池, 那么 $X = 90400$, 而平分底池的结果只有在转牌和河牌是 (7, 9) 的情况下才会发生, 那么平分底池的概率就是 $4 \times 4/C_{45}^2 \approx 1.6\%$. 而内格里诺获胜的概率就是转牌和河牌是 (A, A)、(10, 10)、(A, 10)、(A, b)、(10, b)、(b, b)、(10, 6)、(10, 8) 的概率, 其中, b 表示的是除 6、8、10、A 以外的其他任意牌, (b, b) 表示的是除 6、8、10、A 这四个对子以外的任何一个对子. 所以内格里诺获胜的概率 $= (C_3^2 + C_2^2 + 3 \times 2 + 3 \times 36 + 2 \times 36 + 9 \times C_4^2 + 2 \times 2 + 2 \times 2)/C_{45}^2 \approx 25.5\%$. 因此, 艾莱萨获胜的概率 $\approx 100\% - 1.6\% - 25.5\% = 72.9\%$.

所以 $E(X) = (0 \times 72.9\%) + (180800 \times 25.5\%) + (90400 \times 1.6\%) = 47550.40$.

$E(X^2) = (0^2 \times 72.9\%) + (180800^2 \times 25.5\%) + (90400^2 \times 1.6\%) = 8466357760$. 因此, $Var(X) = E(X^2) - [E(X)]^2 = 8466357760 - 47550.40^2 = 6205317219.84$, $SD(X) = \sqrt{Var(X)} \approx 78773.84$.

在实际的比赛中, 转牌和河牌分别是 2♠ 和 4♥, 艾莱萨获胜.

注意到, 如果 a 和 b 是常数, $E(X) = \mu$, $Y = aX + b$, 那么

$$
\begin{aligned}
Var(Y) &= E[(aX + b)^2] - [E(aX + b)]^2 \\
&= E[a^2X^2 + 2abX + b^2] - [a\mu + b]^2 \\
&= a^2E(X^2) + 2ab\mu + b^2 - [a^2\mu^2 + 2ab\mu + b^2] \\
&= a^2[E(X^2 - \mu^2)] \\
&= a^2Var(X)
\end{aligned}
$$

平方根后得到 Y 的标准差, 可以发现, Y 的标准差等于 a 倍 X 的标准差. 因此, 正如在 4.2 节中提到的, 潜在的收益和损失乘以 a 等于玩家的盈利的期望值和标准差的 a 倍. 注意: 式子中 b 的转变不会影响标准差.

无限下注德州扑克的标准差看上去会很大. 从我个人的经验和从其他玩家的谈论中, 我发现在赌场中玩家每个小时盈利的标准差一般在大盲注的 20 倍到 40 倍之间. 因此, 无限下注德州扑克确实是一种赌博, 因为大损失和大收益都频繁发生. 而在锦标赛中的标准差甚至比在无限下注中的更大, 锦标赛补进费用的损失通常很小, 但有时会获得巨额奖金. 因此锦标赛比赛结果的变化程度是巨大的.

例4.5.2 2010年12月19日到22日，在大西洋城的哈拉斯进行着无限下注德州扑克全国电视区域冠军赛，136位参赛者的参赛费用是每人10000美元。只有最后剩下的15位玩家可以获得奖金，奖金分配如下（舍入到千位）：第一名358000美元，第二名221000美元，第三名160000美元，第四名117000美元，第五名88000美元，第六名67000美元，第七名52000美元，第八名41000美元，第九名32000美元，第十名到第十二名26000美元，第十三名到第十五名22000美元，这些都是奖金而并非玩家在比赛中的盈利，例如第十五名最后得到的盈利就是22000 – 10000 = 12000美元。假设你支付10000美元参加比赛，并且在比赛中你和其他玩家使用相同的策略，最后你赢得的名次，如第一名、第二名、第三名、……、第一百三十六名，这些名次获得的可能性都是相同的。设 X 表示你在这次锦标赛中获得的盈利，那么请计算 $E(X)$ 和 $SD(X)$。

答案：$E(X) = (348000 \times 1/136) + (211000 \times 1/136) + (150000 \times 1/136) + (107000 \times 1/136) + (78000 \times 1/136) + (57000 \times 1/136) + (42000 \times 1/136) + (31000 \times 1/136) + (22000 \times 1/136) + (16000 \times 3/136) + (12000 \times 3/136) + (-10000 \times 121/136) \approx -588.24$

因此，赌场从每位玩家手里平均收取588.24的费用作为正常举行比赛的保证。$E(X^2) = (348000^2 \times 1/136) + (211000^2 \times 1/136) + (150000^2 \times 1/136) + (107000^2 \times 1/136) + (78000^2 \times 1/136) + (57000^2 \times 1/136) + (42000^2 \times 1/136) + (31000^2 \times 1/136) + (22000^2 \times 1/136) + (16000^2 \times 3/136) + (12000^2 \times 3/136) + [(-10000)^2 \times 121/136] = 1479529412$。

因此，$Var(X) = E(X^2) - \{E(X)\}^2 = 1479529412 - (-588.24)^2 \approx 1479183386$，$SD(X) = \sqrt{1479183386} \approx 38460$。

注意到一位玩家盈利的标准差约是锦标赛参赛费用的数倍。这个巨大的标准差在扑克锦标赛中是很典型的数值，在第7章中我们会观察标准差是如何对检查玩家结果起作用的。

4.6 马尔可夫和切比雪夫不等式

马尔可夫不等式：对于任何一个非负的随机变量 X，任意常数 $c > 0$，那么有
$$P(X \geq c) \leq E(X)/c$$
证明：设 d 表示大于等于常数 c 的最小整数。因为 X 是非负的，所以

$$E(x) = \sum_b bp(x = b)$$

$$= \sum_{b<c} bp(x = b) + \sum_{b \geq c} bp(x = b)$$

$$\geq \sum_{b \geq c} bp(x = b)$$

$$\geq \sum_{b \geq c} cp(x = b) = c\sum_{b \geq c} p(x = b) = cp(x \geq c)$$

例 4.6.1 在 2010 年 WSOP 一千美元无上限德州扑克比赛中，一共有 4345 位参赛玩家，这场比赛开始于 2010 年 5 月 29 日中午十二点，经历 108 个小时（包括不在进行比赛和玩家休息的时间）. 假设我们随机选取被淘汰的 4344 位中的一位玩家，设 X 表示前一位玩家的淘汰到这一位玩家被淘汰的时长. 如果选择的玩家是第一个被淘汰的，那么 X 表示的时间则是比赛开始到这位玩家被淘汰的时长. 那么请利用马尔可夫不等式来解释 $P(X \geq 2.5)$ 表示什么？

答案：在 108 个小时内，总共有 4344 位玩家被淘汰了，因此玩家之间的平均淘汰时间就是 108/4344 小时. 也就是说，$E(X) = 108/4344$ 小时. 所以，利用马尔可夫不等式，$P(X \geq 2.5) \leq (108/4344)/2.5 \approx 0.99\%$.

马尔可夫不等式得出的结果是比较简略的. 例如，在例 4.6.1 中，如果 $P(X \geq 2.5) = 0.99\%$，那么这就意味着两位毗邻淘汰玩家之间的其他 99.01% 的淘汰时间为 0，而两位毗邻淘汰玩家之间大于等于 2.5 小时的淘汰时间正好就是 2.5 小时.

马尔可夫不等式可以用来推出切比雪夫不等式. 对于任一随机变量 Y（并不一定需要非负），若它的期望值 μ 和方差 σ^2，则对任意 $a > 0$，恒有 $P(|Y-\mu| \geq a) \leq \sigma^2/a^2$.

证明：因为 $P(|Y-\mu| \geq c) = P\{(Y-\mu)^2 \geq c^2\}$，这个可以直接从马尔可夫不等式中得出，设 $X = (Y-\mu)^2, c = a^2$.

例 4.6.2 在 2010 年 WSOP 主赛场，每位玩家开始前都有 20000 美元的筹码. 假设比赛几个小时后，所有玩家筹码数量的标准差是 8000 美元筹码. 使用切比雪夫不等式，计算出一位随机选择的玩家至少有 60000 美元筹码的概率的上限是多少.

答案：首先，注意到比赛中筹码的总数是不变的，所以所有玩家之间的筹码平均数就是 20000 美元. 其次，如果 Y 表示的是随机选择的玩家手中的筹码数量，Y 不可能小于 0，所以 $Y - \mu$ 不可能小于 -20000. 因此，$P(Y \geq 60000) = P(Y-\mu \geq 40000) = P(|Y-\mu| \geq 40000)$，根据切比雪夫不等式，$P(|Y-\mu| \geq$

40000）$\leqslant 8000^2/40000^2 = 4.0\%$. 注意在这个题中上限的计算并不需要比赛中玩家的数量或是比赛的时长这些信息.

♠ 4.7 矩量母函数

$E(X)$、$E(X^2)$、$E(X^3)$、$\cdots$的数量被称为 X 的矩. 对于任意随机变量 X, 它的矩量母函数 $\Phi_X(t)$ 表示为 $\Phi_X(t) = E(e^{tX})$. 矩量母函数有一些很好的特性. 如果知道了 $\Phi_X(t)$, 那么就可以通过对 $\Phi_X(t)$ 求导并且在 $t = 0$ 时求它们的数值来导出 $E(X^k)$. 事实上, 我们可以发现 e^{tX} 对 t 进行求导, 其导数为 Xe^{tX}, 其二阶导数就是 X^2e^{tX}, 以此类推. 因此, $\Phi_X(t)$ 对于 t 的 k 阶导数就是:

$$(\mathrm{d}/\mathrm{d}t)^k E(e^{tX}) = E[(\mathrm{d}/\mathrm{d}t)^k e^{tX}] = E(X^k e^{tX}) \tag{4.7.1}$$

所以 $\Phi_X'(0) = E(X^1 e^{0X}) = E(X)$, $\Phi_X''(0) = E(X^2 e^{0X}) = E(X^2)$, 以此类推.

（注意在式（4.7.1）中, 我们假设 $(\mathrm{d}/\mathrm{d}t)E(e^{tX}) = E[(\mathrm{d}/\mathrm{d}t)e^{tX}]$, 这个假设是需要证明的, 但是证明方法超出了课本的范围. 对于在本文中涉及的所有分布函数, 这个假设是正确的, 但是对于不可微的连续型随机变量则是无效的, 在 Billingsley 中会对相关问题进行解释（1990）.）

 例4.7.1 回顾一下例 4.1.1 中的随机变量, 如果你有一对口袋对子, 那么 $X = 1$, 否则 $X = 0$. 请计算: a) $\Phi_X(t)$ 是多少? b) $k = 1$、2、3、$\cdots$、那么 $E(X^k)$ 是多少?

答案: a) 回顾一下: 底牌是口袋对子的概率是 $1/17$, 因此, $\Phi_X(t) = E(e^{tX}) = e^{t(1)}(1/17) + e^{t(0)}(16/17) = e^t/17 + 16/17$.

b) $\Phi_X'(t) = e^t/17$, $\Phi_X''(t) = e^t/17$, 依此类推. 所以 $\Phi_X'(0) = \Phi_X''(0) = \cdots = 1/17$. 因此, 对于 $k = 1$、2、3、$\cdots$、$E(X^k) = 1/17$.

例4.7.2 对于在例 4.1.2 中的随机变量, $\Phi_X(t)$ 是多少? 对于 $k = 1$、2、3、$E(X^k)$ 是多少?

答案: $\Phi_X(t) = E(e^{tX}) = e^{1000t}(20\%) + e^{500t}(35\%) + e^{300t}(45\%)$.

$$\Phi_X'(t) = 20\% \times 1000e^{1000t} + 35\% \times 500e^{500t} + 45\% \times 300e^{300t}$$
$$= 200e^{1000t} + 175e^{500t} + 135e^{300t},$$

所以, $E(X) = \Phi_X'(0) = 200 + 175 + 135 = 510$, 这个答案和例 4.2.2 中所看到的一样.

$$\Phi_X''(t) = 200 \times 1000e^{1000t} + 175 \times 500e^{500t} + 135 \times 300e^{300t},$$

所以，$E(X^2) = \Phi''_X(0) = 200000 + 87500 + 40500 = 328000$.

$$\Phi''_X(t) = 200000 \times 1000\mathrm{e}^{1000t} + 87500 \times 500\mathrm{e}^{500t} + 40500 \times 300\mathrm{e}^{300t},$$

所以，$E(X^3) = \Phi'''_X(0) = 200000000 + 43750000 + 12150000 = 255900000$.

在本书的第 7 章会使用到矩量母函数的一个十分重要的特性，那就是它能描述出随机变量的分布特征. 而且，对于一个随机变量序列 $X_1, \cdots, X_n$，累积分布函数为 $F_i(y)$ 以及矩量母函数 $\Phi_{Xi}(t)$，如果 $\Phi_{Xi}(t)$ 收敛于函数 $\Phi(t)$，$\Phi(t)$ 是 X 的矩量母函数，F 是 X 的累积分布函数，那么对于所有 y，$F_i(y) \rightarrow F(y)$，其中 $F(y)$ 是连续的. 无论 X_i 是离散还是连续的随机变量，这个结论都成立. 对于这些结论的证明，见 Billingsley（1990）或是 Feller（1967）. "对于所有 y，$F_i(y) \rightarrow F(y)$，其中 $F(y)$ 是连续的"这个结论是**依分布收敛**的定义. 这个结论也表示了 X_i 的根部收敛于 X 的分布.

 习 题

习题 4.1 在一本非常著名的书籍《哈林顿玩德州扑克》的第 1 卷中，丹·哈林顿和比尔·罗伯特（2004）宣称"如果你的底牌是像 AA 这样的牌，那么你比较倾向于一对一的比赛". 在全押的情况下，这个结论是否还成立呢？为了研究这个说法，我们做一下假设. 在每个情景中，我们假设在翻牌圈之前，你的底牌是 AA，并全押赌注；开始这个回合时，你有 100 美元的赌注；盲注和前注筹码都可以忽略不计.

a）推测出 A♣A♠ 可以单挑成功的一把牌，选择这样的一把牌，使用网站 www. cardplayer. com/poker_odds/texas_holdem 上的扑克概率计算器进行计算，计算出你获胜的概率，这样你最终就有 200 美元的赌注了，然后计算出你在这个回合后手中赌注的期望值.

b）推测出 A♣A♠ 可以单挑成功的两把牌，选择这样的两把牌，和 a）部分一样，计算出你在这个回合后手中赌注的期望值.

c）推测出 A♣A♠ 可以单挑成功的三把牌，选择这样的三把牌，同样，计算出你在这个回合后手中赌注的期望值.

d）从这些计算中你得出了什么结论？底牌是 AA 并且全押的情况下，面对一个对手或面对几个对手，哪种情况对你来说比较好？

习题 4.2 回顾习题 4.1，将底牌对子 AA 替换为一对低对，例如 55. 那么，

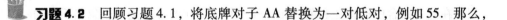

底牌是 55 并且全押的情况下，面对一个对手或是面对几个对手，哪种情况对你来说比较好？

习题 4.3 假设你的底牌是 K♣K♠，你全押了 100 美元赌注，有一位对手跟注，该对手的底牌是 10♠10♦. 而另外一位玩家，他的底牌是 A♦J♥，他在思考是否也跟注. 从最大化这个回合后的赌注期望数值的角度来看，你是否希望这个玩家跟注？（假设这两位对手是唯一两位有可能跟注的玩家，假设他们手中的赌注都大于 100 美元，盲注和前注都可以忽略不计.）使用网站 www. cardplayer. com/poker_odds/texas_holdem 上的扑克概率计算器计算出相关的概率，a）假设底牌是 AJ 的玩家弃牌；b）假设底牌是 AJ 的玩家跟注，请计算出这两种情况下，这个回合结束后你手中赌注的期望值.

习题 4.4 假设你在进行德州扑克的比赛，你一共有 9 位对手. 赌场要从每个底池抽取 5 美元作为佣金. 假设每个小时进行 20 个回合. 设 X 为 3 小时后 10 位玩家为一组的期望盈利. 如果只有这些信息，X 能唯一确定吗？$E(X)$ 是多少？$SD(X)$ 是多少？

习题 4.5 回顾在例 4.3.2 中的高筹码扑克，敏·李底牌是 K♥K♦，在翻牌前就加注到了 11000 美元，丹尼尔·内格里诺的底牌是 A♠J♠，他跟注. 翻牌是 8♠7♥2♠，李下注 18000 美元. 尽管在实际比赛中，两位玩家仍然有很多的筹码，但是在这个问题中，我们假设李在翻牌圈下注的 18000 美元筹码作为他全押的筹码.

　　a）如果内格里诺跟注，那么他能组成同花的概率是多少呢？

　　b）如果内格里诺跟注，那么他组成了同花但是仍然输掉了这个回合的概率是多少？

　　c）如果内格里诺跟注，那么他组成顺子但不是同花的概率是多少？

　　d）如果内格里诺跟注，那么他既没有组成顺子也没有组成同花但是仍然赢得了这个回合的概率是多少？

　　e）将 a）部分到 d）部分得出的答案进行整合回答以下问题：如果内格里诺跟注，他能赢得这个回合的概率是多少？

　　f）假设内格里诺知道李的底牌是多少，那么他应该跟注吗？证明你的回答.（假设在这个回合中的盲注和前注相比较于其他下注的筹码是可以忽略不计的.）

习题 4.6　假设你在玩一种现金游戏, 你的底牌是 8♥7♥, 对手的底牌是 K♥K♦. 这是一场单挑比赛, 在这个阶段底池有 200 美元. 翻牌是 Q♥3♥2♣. 你的对手全押, 下注了额外的 300 美元. 你现在手中剩下的筹码要多于 300 美元, 所以你跟注的筹码要多于 300 美元.

a) 如果你跟注, 那么你的牌组成同花的概率是多少?

b) 如果你跟注, 那么你的牌组成同花并且你的对手组成葫芦的概率是多少?

c) 如果你跟注, 那么你的牌组成同花并且你的对手组成牌型更大的同花的概率是多少?

d) 如果你跟注, 那么你不能组成同花但仍然赢得了这个回合的概率是多少?

e) 将 a) 部分到 d) 部分得出的答案进行整合回答以下问题: 如果你跟注, 那么你能赢得这个回合的概率是多少?

f) 假设你知道对手的底牌, 那么你应该跟注吗? 证明你的答案.

习题 4.7　《菲尔·戈登的蓝色小书》的第 211 页, 戈登描述了在拉斯维加斯凯撒皇宫举行的无限注德州扑克比赛的一个回合. 戈登的底牌是 A♣7♣, 他的对手底牌是 99. 翻牌是 7♦7♥4♣, 两位玩家都全押. 底池的规模是 190500 美元.

a) 目前只知道这些信息, 使用网站 www.cardplayer.com/poker_odds/texas_holdem 上的扑克概率计算器计算出戈登获胜的概率.

b) 利用概率论原理, 计算出戈登获胜的准确概率.

c) 在这个回合开始前, 戈登的筹码比对手要多, 所以如果戈登赢得了这个回合, 那么他的对手手中就没有筹码了. 设 X 表示在这个回合结束后戈登的对手手中还有的筹码数量. 使用你在 b) 部分得出的答案, 计算 X 的数学期望.

习题 4.8　假设你的对手在翻牌圈前就再次加注并全押, 你知道如果她的底牌是 AA、KK 或是 QQ, 那么她就有 90% 的概率做出这个再加注并全押的决定; 如果她的底牌是同花连张, 那么她就有 20% 的概率做出这个决定; 如果她的底牌是其他的两张牌, 那么她就不会这么做. 假设她已经再加注并全押了, 那么她的底牌是同花连张的概率是多少?

习题 4.9　在例 2.2.2 中, 2005 年世界扑克巡回赛的一百万 101 港湾流星赛的主赛场的一个回合中, 留下了 3 位玩家, 盲注是 20000 美元和 40000 美元, 前注为 5000 美元, 平均资金筹码是 1400000 美元. 第一个叫注的玩家是格斯·汉森，底牌是 K♦9♣，加注到 110000 美元，下小盲注的是杰伊·马顿斯博士，他的底牌是 A♣Q♥，再加注到 310000 美元，下大盲注的玩家弃牌，汉森跟注．翻牌是 4♦9♥6♣，马顿斯过牌，汉森全押 800000 美元筹码．现在马顿斯面临着一个艰难的抉择，他最终决定跟注，在这时，其中一个解说员文斯·凡·帕腾（Vince Van Patten）说："博士做出了错误的决定，但他仍然有可能走运获胜."博士的决定是错误的吗？请解释．

习题 4.10 回顾一下第 1 章开始所提到的 WSOP 的一个回合．你认为保罗·瓦萨卡在当时知道的一些信息下，他应该跟注吗？请解释．

习题 4.11 请在网络或电视上找出只有 2 位玩家参与的一场回合比赛，根据例 4.4.1 分析运气和技巧分别占多少比例．

习题 4.12 在 2009 年 WSOP 50000 美元的 H. O. R. S. E 主赛场的无限注德州扑克的一个回合中，包括珍妮佛·哈曼在内的玩家叫注被收录在了网站 cardplayer. com 上，具体如下："哈曼在枪口位置，加注到 5000 美元，在按钮右边位置的马克思·佩斯卡托里（Max Pescatori）加注后弃牌了．佩斯卡托里第三次加注到 7500 美元，她是唯一一个跟注的玩家．翻牌是 Q♠5♣4♦，哈曼过牌，佩斯卡托里下注 2500 美元．哈曼加注到 5000 美元，佩斯卡托里跟注．转牌是 J♣，哈曼下注 5000 美元．佩斯卡托里加注到 10000 美元，她选择了不亮牌，最终她还剩下 2000 美元的筹码"如果哈曼想要最大化筹码的期望数值，那么在转牌圈哈曼选择加注后能获胜的概率是多少？（盲注和前注可以忽略不计.）你对哈曼在转牌圈弃牌的行为有什么看法？试猜想一下，她和佩斯卡托里的牌是什么？

习题 4.13 在高筹码扑克第七季第二集的一个回合中，盲注是 400 美元和 800 美元，8 位玩家的前注为 100 美元．安东尼奥·埃斯凡迪亚里的底牌是 8♥7♥，加注到 2500 美元，有四位玩家跟注，其中包括了小盲注玩家以及在大盲注位置上的巴里·格林斯坦，其底牌是 4♦4♣．翻牌是 10♣6♥4♥，格林斯坦过牌，埃斯凡迪亚里下注 6200 美元，戴维·皮特跟注，格林斯坦加注到 30000 美元，埃斯凡迪亚里再加注到 106000 美元，皮特弃牌，格林斯坦全押，下注了额外的 181200 美元筹码．如果埃斯凡迪亚里这时知道格林斯坦手中的牌是什么，那么他应该跟注吗？请解释．

（在真实的比赛回合中，埃斯凡迪亚里跟注．转牌是 Q♥，河牌是 8♣，埃斯

凡迪亚里赢得了 593900 美元底池.)

 习题 4.14 回顾例 3.4.3 描述的情景，同时利用例 3.4.3 中有关菲尔·赫尔姆斯可能的底牌分布的假设，菲尔·戈登应该跟注还是弃牌？注意：和例 3.4.3b) 中使用的方法不同，这道题中你应该考虑平局的概率.

习题 4.15 假设 X 有矩量母函数 $\Phi_X(t)$，设 $Y = 3X + 7$.

a) 写出 Y 的矩量母函数.

b) 假设 $\Phi_X(6) = 0.001$，那么 $\Phi_Y(2)$ 是多少？其中 $\Phi_Y(t)$ 是 Y 的矩量母函数.

习题 4.16 在 2009 年深夜扑克的赢家通吃的锦标赛中，凡妮莎·罗素（Vanessa Rousso）已经赢了第六回合，她宣称她能赢得比赛"主要是依靠计算概率并考虑底池赔率". 这次锦标赛的一个关键回合中，也就是第三个回合，盲注是800 美元和1600 美元，戴维·格雷（David Grey）作为庄家，加注到4000 美元，小盲注位置的珍妮佛·哈曼弃牌，罗素的底牌是10♥7♥，她跟注. 这时底池是8800 美元筹码. 翻牌 K♥4♠Q♥揭晓后，罗素过牌，格雷下注 5000 美元，罗素加注到15000 美元，格雷全押，总共 44100 美元，罗素思考着下一步的抉择. 底池是67900 美元，罗素跟注的话需要29100 美元的筹码. 罗素说："我的牌进入了死胡同，是死牌了. 我决定弃牌."她出示了她的牌然后弃牌了. 这次弃牌是一个聪明的决策吗？请解释（这个回合中，格雷的牌是 K♠10♠）.

5 离散型随机变量

很多扑克问题的研究都会涉及离散型随机变量. 一副牌有有限个数字, 所以一副牌的组合数总是有限的. 同样地, 无论是一个人玩牌的回合还是整个玩家群体玩牌的回合都是可数的, 而且在任何有限的时间区域内一定都是有限的, 所以即使考虑这些回合的组合, 离散型随机变量都是适用的.

离散型随机变量的一些特殊例子频繁出现, 它们有脍炙人口的名字, 值得我们特别关注. 这些名字如伯努利分布、二项分布、几何分布、泊松分布、负二项随机变量, 这些词汇在分析德州扑克一些回合的结果中经常出现.

接下来我们会讨论这些经常出现的概率术语, 它们从独立**试验**结果的角度来描述这些变量. **试验**这个词是相当普遍的, 适用于各种各样不同的事件, 例如一种动物的记录速度, 或是控制实验室条件下研究的其他实验对象, 或是从一群人中随意抽出一人回答问题的结果. 在我们举出的例题中, 一个试验通常指的是德州扑克的一个回合或是一场锦标赛. 在本书中, 我们进行合理的假设: 这些试验的结果基本都是独立的.

 ## 5.1 伯努利随机变量

如果一个随机变量 X 只能取两个值, 0 或是 1, 那么 X 就是伯努利随机变量. 更准确地说, 如果 $X=1$ 的概率是 p, $X=0$ 的概率是 q, 其中 $q=1-p$, 那么我们就说 X 是伯努利随机变量. X 的概率质量函数为

$f(1)=p$, $f(0)=q$, 而对于除 0 和 1 以外的其他所有 b 值, 有 $f(b)=0$

伯努利随机变量的一个例子就是例 4.1.1. 这两个值的随机变量是以雅各布·伯努利 (Jacob Bernoulli) (1654-1705) 命名的, 他是一位瑞士数学家, 经典著作有《猜度术》, 主要是将概率论运用到了概率类游戏之中, 并引入了大数定理.

伯努利随机变量的取值通常规定为 0 和 1, 而并非 1 和 −1. 根据给定的公约, n 个伯努利随机变量的总和表示 n 次试验中成功 (如果成功, 取值为 1) 的总数, 伯努利随机变量的平均值则是试验成功的百分数, 也就是 p 的一个无偏估计.

例 5.1.1 假设你和其他 9 位玩家正在进行为期一周的锦标赛, 每个人的个人能力都是相同的. 如果你获胜了, 计算 $X=1$, 如果你失败了, 那么 $X=0$. 计算 X 的概率质量函数是多少? X 的累积分布函数又是多少?

答案: 根据假设, 10 位参赛者的游戏能力都一样, 所以 $p=1/10$. 因此 X 的

概率质量函数是 $f(1) = 1/10$, $f(0) = 9/10$, 若 $b \neq 0$ 或 1, 则 $f(b) = 0$. 在图 5.1.1 中画出了概率质量函数.

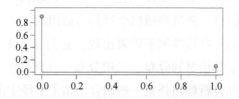

图 5.1.1 一个伯努利随机变量的概率质量函数

X 的累积分布函数（见图 5.1.2）是:

若 $b < 0$, $F(b) = 0$;

若 $0 \leq b < 1$, 则 $F(b) = 9/10$;

若 $b \geq 1$, 则 $F(b) = 1$.

图 5.1.2 表示了该累积分布函数.

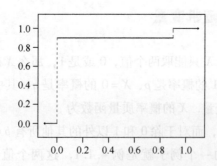

图 5.1.2 一个伯努利随机变量的累积分布函数

对于一个伯努利随机变量 X, 其数学期望 $E(X) = p$, 其标准差 $\sigma = \sqrt{pq}$. 事实上, 参考数学期望和方差的公式, 可得:

$$E(X) = (1 \times p) + (0 \times q) = p,$$
$$Var(X) = E(X^2) - [E(X)]^2 = [(1^2 \times p) + (0^2 \times q)] - p^2 = p - p^2 = pq.$$

例 5.1.2 假设: 如果下一个回合中拿到的两张牌是对子, 那么 $X = 1$, 否则 $X = 0$, 那么 X 的数学期望和标准差是多少?

答案: 有一对口袋对子的概率是 $13 \times C_4^2 / C_{52}^2 = 1/17 \approx 5.88\%$, 所以 $E(X) = p \approx 0.0588$, 标准差 $\sigma = \sqrt{pq} = \sqrt{(1/17) \times (16/17)} \approx 0.235$.

5.2 二项分布随机变量

假设 X 表示 n 次独立试验中一个事件发生的次数，在每次试验中该事件发生的概率是 p．那么 X 就是一个二项分布随机变量，记为 $X \sim B(n,p)$．在这个情景中，X 可以从集合 $\{0,1,2,\cdots,n\}$ 的 $n+1$ 个整数中取出任意多个．如果 k 是这个集合中的一个整数，那么 n 个试验的结果正好出现 k 次的组合有 C_n^k 种，那么发生 k 次事件和没有发生的其他 $n-k$ 次事件的结果的每种组合的概率就是 $p^k q^{n-k}$，其中 $q=1-p$，试验是独立的．所以 X 的概率质量函数就是 $f(k)=C_n^k p^k q^{n-k}$，接下来的例子将会更加详细地说明这个问题．

例 5.2.1 假设 X 是 7 个回合中发到的底牌是口袋对子的次数，请导出 $P(X=3)$．

答案：设 1 表示一个对子，而 0 表示没有对子，$\{1,1,1,0,0,0,0\}$ 表示的是在前三个回合中发的底牌是对子，而后四个回合中发的底牌不是对子的事件，这个结果组合的概率是 $p^3 q^4$，其中 p 是底牌是一个对子的概率 $=1/17$，$q=1-p=16/17$．在 7 个回合正好有 3 个回合有对子的其他组合可以是 $\{1,0,1,1,0,0,0\}$ 或 $\{0,0,1,1,1,0,0\}$ 等．每个这样可能的组合的概率是 $p^3 q^4$，而这样的组合一共有 $C_7^3=35$ 种，因为 7 次试验中正好有 3 次出现口袋对子的数量一共有 C_7^3 种．因此 $P(X=3)=C_7^3(1/17)^3(16/17)^4$．

独立同分布经常被缩写为 i、d、d．独立这个概念在第 3 章已经讨论过了，而**同分布**则说明了一些事件的概率 p 不会随着试验而改变．在二项分布随机变量的定义中，"试验是独立同分布的"这个条件很重要．如果试验不是独立的，或某个事件在不同的试验中有不同的概率，那么在 n 次试验中某事件发生的次数的分布可能和二项分布有着很大的不同．

注意到独立的伯努利随机变量的总和就是一个二项分布随机变量，也就是说，如果 Y_1，Y_2，$\cdots$，Y_n 都是独立的二项分布随机变量，$X=Y_1+Y_2+\cdots+Y_n$，那么 $X \sim B(n,p)$．这也是把伯努利随机变量的值取为 $\{0,1\}$ 的另一个优势．在第 7.1 节中，独立随机变量的总和的平均数等于平均数的总和，同样地，总和的方差等于方差的总和．因此，二项分布随机变量的平均值和方差就各自等于伯努利随机变量的平均值和方差的 n 倍，即如果 $X \sim B(n,p)$，那么 $E(X)=np$，$Var(X)=npq$．

如果要计算高阶矩，例如 $E(X^k)$，$k \geqslant 2$，我们可以通过计算矩量母函数来获得. 如果 X 服从二项分布，$X \sim B(n,p)$，那么它的矩量母函数 $\Phi_X(t) = E(e^{tX}) =$

$$\sum_{k=0}^{n} e^{tk} C_n^k p^k q^{n-k} = \sum_{k=0}^{n} C_n^k (pe^t)^k q^{n-k} = (pe^t + q)^n.$$

例 5. 2. 2 （玩公共牌）．在 1998 年 WSOP 主赛场上的最后一个回合中，公共牌是 8♣9♦9♥8♥8♠，斯科特·阮（Scotty Nguyen）全押．他的对手凯文·迈克布莱德（Kevin McBride）在思考是否要跟注．斯科特说："如果你跟注，那么一切都结束了."迈克布莱德说："我跟注．我玩公共牌."最后的结果是斯科特赢了这个回合，他的底牌是 J♦9♣．

假设你在 100 个回合中不会弃牌，那么 X 的数学期望是多少？$X = $ 在 100 个回合中玩**公共牌**，即最好的五张牌都在桌面上的回合次数. X 的标准差又是多少？

答案：我们假设每个回合发生的事件和其他回合都是独立的，$X \sim B(n, p)$，其中 $n = 100$，$p = $ 玩公共牌的概率. 包括两张底牌和五张公共牌在内的 7 张牌的每个组合发生的可能性都是相同的，对于每个这样的组合，从 7 张牌中抽取两张作为底牌的选择有 C_7^2 种，每种这样的选择发生可能性相同，而这些选择中只有一种情况是不需要使用两张底牌的，所以 $p = 1/C_7^2 = 1/21$. 因此，$E(X) = 100 \times (1/21) \approx 4.76$，$Var(X) = npq = 100 \times (1/21) \times (20/21) \approx 4.54$，所以 $SD(X) = \sqrt{npq} \approx 2.13$.

（注意：上述的计算其实有点低估了玩公共牌的概率，因为在一些特殊的情况下使用底牌还是公共牌来组成你最好的一手牌是有点模糊不清的. 例如你的底牌是 JJ，公共牌是 2222J 或是 AKQJ10. 在这些情况下你可以概括地认为你在玩公共牌，但是这个例题中使用的方法则没有将这些情况准确计算.）

♠ 5.3 几何分布随机变量

在 5.2 节中，我们假设观察不断重复的独立同分布试验的结果，X 表示直到事件第一次发生的试验次数，这个事件在每次试验中发生的概率都是 p. 那么 X 就是几何分布随机变量，写成 $X \sim 6e(p)$. 例如，X 表示直到底牌是一对 A 的回合数，如例 5.3.1.

按照规定，计算底牌是 A 的回合. 也就是说，如果你在第一个回合就拿到 AA，那么 $X = 1$. 因此，一个几何分布随机变量的取值范围是正整数. 一个几何分布 (p) 随机变量的概率质量函数就是 $q^{k-1}p$，其中 $k = 1, 2, \cdots$，$q = 1 - p$. 要

使得 X 等于 k，那么前 $k-1$ 次试验中某事件一定没有发生，直到第 k 次试验才发生某事件，同时假设试验的结果都是独立的. X 的累积分布函数是 $F(k) = P(X \leqslant k) = 1 - P(X > k) = 1 - q^k$（$k = 0, 1, 2, \cdots$），当且仅当事件在前 k 次试验中不发生时，X 才大于 k.

如果 X 服从几何分布 (p)，$p > 0$，那么 $E(X) = 1/p$，$Var(X) = q/(p^2)$.

为了证明 $E(X) = 1/p$，需要引入一个引理. 这个引理不仅适用于几何分布随机变量，也适用于取值为非负整数的任何随机变量.

引理 5.3.1 假设 X 是一个随机变量，取值为 $\{0, 1, 2, 3, \cdots\}$，那么
$$E(X) = \sum_{k=0}^{+\infty} P(X > k).$$

证明：
$$\begin{aligned}
\sum_{k=0}^{+\infty} P(X \geqslant k) &= P(X > 0) + P(X > 1) + P(X > 2) + \cdots \\
&= P(X = 1) + P(X = 2) + P(X = 3) + P(X = 4) + \cdots \\
&\quad\quad\quad\quad\quad\, + P(X = 2) + P(X = 3) + P(X = 4) + \cdots \\
&\quad\quad\quad\quad\quad\quad\quad\quad\quad\quad + P(X = 3) + P(X = 4) + \cdots \\
&= \sum_{k=0}^{+\infty} kP(X = k) \\
&= E(X)
\end{aligned}$$

函数 $P(X > k)$ 被称为**残存函数**. 引理 5.3.1 是从残存函数的角度来描述它是怎样计算一个非负取整随机变量的数学期望. 对于几何分布的随机变量，残存函数的形式则尤其简单，$P(X > k) = q^k$（$k = 0, 1, 2, \cdots$）.

为了计算几何分布 (p) 随机变量的期望值 $p > 0$，可以发现，根据引理 5.3.1，$E(X) = \sum_{k=0}^{+\infty} P(X > k) = \sum_{k=0}^{+\infty} q^k = 1/(1 - q) = 1/[1 - (1 - p)] = 1/p$. 很明显，如果 $p = 0$，那么 X 无穷大，所以 $E(X) = +\infty$.

例 5.3.1 在高筹码扑克第三季中，保罗·瓦萨卡加入比赛后一连弃牌了很多回合，迈克·马图索开玩笑说："保罗，你不要担心，A 不久就会出现的."当然，在很多回合后，保罗终于不弃牌了. 假设现在某玩家一直在等待底牌是一对 A 的回合，那么这位玩家需要等待多少个回合呢? 等待的回合次数的标准差是多少?

答案： 设 $X = $ 在拿到一对 A 之前所等待的回合数. X 服从几何分布 (p)，$p = $ 在某一回合拿到 AA 的概率 $= C_4^2/C_{52}^2 = 1/221 \approx 0.45\%$. 所以 $E(X) = 1/p = 221$，$Var(X) = q/p^2 = 220/221/(1/221)^2 = 48620$，所以 $SD(X) = \sqrt{48620} \approx 220.5$.

例5.3.2 埃里克·林格伦（Erick Lindgren）一直被认为是最好的扑克玩家之一，但是直到2008年WSOP锦标赛才获得了冠军. 在成为冠军之前，他已经参与了很多次WSOP锦标赛，位于前10的次数共有8次.

假设你每周参加一次锦标赛，为了简便计算，我们假设每次锦标赛的结果都是相互独立的，并且赢得每次锦标赛的概率都是相同的，都为 p. 如果 $p = 0.01$，那么等到第一次获胜之前，参与比赛的时间的期望值是多少？这个等待时间的标准差又是多少？

答案：等待时间 $X \sim \mathrm{Ge}(0.01)$，所以 $E(X) = 1/0.01 = 100$ 周，$SD(X) = (\sqrt{0.99})/0.01 \approx 99.5$ 周.

如果 $X \sim \mathrm{Ge}(p)$，对于正整数 c，有 $X > c$，那么 X 的概率质量函数就是 $f(k - c)$，f 是 X 的无条件概率质量函数（见习题5.3）. 也就是说，该问题中的事件在前 c 次试验中不发生并不影响事件发生还需进行的试验次数. 因此试验是相互独立的，先前试验的相关信息并不影响未来试验中事件发生的概率 p. 几何分布是唯一一个不具备记性特征的离散型分布.

♠ 5.4 负二项分布随机变量

回顾一下5.3节：直到某特定事件第一次发生所要进行的独立同分布试验的次数是一个几何分布随机变量. 如果我们关心的是直到事件第 r 次出现所要进行的这种试验的次数，r 是一个正整数，那么 X 就是一个负二项分布 (r, p) 随机变量. 例如，直到第三次拿到口袋对子，你要进行的回合数 X 的取值可以是集合 $\{3, 4, 5, \cdots, +\infty\}$ 中的任何一个值.

注意：一个事件刚好在第 k 次试验中出现第 r 次，那么在前 $k-1$ 次试验中某事件发生的次数正好是 $r-1$ 次，第 k 次试验一定要发生该事件. 例如，口袋对子在第10个回合中出现，并且是第三次出现，那么在前9个回合中有两个回合要出现口袋对子，这样才能在第10个回合第三次出现口袋对子. 因此，一个负二项分布 (r, p) 随机变量 X 的概率质量函数就是 $f(k) = C_{k-1}^{r-1} p^r q^{k-r}$，其中，$k = 1, 2, \cdots$，$q = 1 - p$.

一个负二项分布 (r, p) 随机变量 X 的矩量母函数 $\Phi_X(t) = [pe^t/(1 - qe^t)]^r$. 根据矩量母函数或是直接使用概率质量函数，可以得出 $E(X) = r/p$，$Var(X) = rq/p^2$.

例5.4.1 在高筹码扑克第五季第二集中，在半个小时内，多伊尔·布伦森拿到底牌是一对 K 的回合已经有两次，底牌是一对 J 的回合有一次. 假设将一个**高牌口袋对子**定义为这些对子：10 10，JJ，QQ，KK 或 AA. 设 X 是直到你第三次拿到高牌口袋对子所需进行的回合数. 请计算 $E(X)$，$SD(X)$，$P(X = 100)$.

答案：在某一回合拿到高牌口袋对子的概率是 $5 \times C_4^2 / C_{52}^2 = 5/221$，所以

$$E(X) = 3/5/221 = 132.6,$$

$$SD(X) = \sqrt{(rq)/p} = \sqrt{\left(3 \times \frac{216}{221}\right) \Big/ \left(\frac{5}{221}\right)} \approx 75.7,$$

$$P(X = 100) = C_{99}^2 (5/221)^3 (216/221)^{97} \approx 0.61\%.$$

 ### 5.5　泊松分布随机变量

在《哈林顿玩德州扑克》第 2 卷的第 57 页，哈林顿和罗伯特（2005）认为在特定的牌桌上和一群特定的对手玩牌，可以每一个半小时使用一次诈牌策略，两位作者同样建议可以使这些策略决定随机化，例如使用手表. 假设有 3 位玩家使用该策略. 第一位玩家每个小时只玩了 4 个回合，玩牌速度较慢，她决定开始牌局时，如果手表上秒针在 10 秒的那个时间间隔内，那么她就进行大的诈牌. 现在我们给出一个合理的假设，假设手表上秒针的位置相对于每个扑克回合都是大致独立的. 所以，第一位玩家有时可能会一连几次进行诈牌，但总体来说，她平均每 6 个回合或每 90 分钟诈牌一次. 现在假设第二位玩家每个小时进行 10 个回合，同样的，他每次开始牌局前看一下手表，如果秒针在手表 4 秒时间间隔上就进行诈牌. 第三位玩家每个小时进行 20 个回合的牌局，如果秒针在 2 秒时间间隔上她就进行诈牌. 由此，这三位玩家平均每一个半小时会进行一次诈牌.

设 X_1，X_2，X_3 分别表示为第一位玩家、第二位玩家、第三位玩家在给定的 6 个小时内进行诈牌的次数. 每个随机变量服从二项分布，数学期望是 4，方差接近于 4. 但是，这三个分布之间有一些明显的区别. 例如，第一位玩家在给定的 6 个小时内只能进行 24 个回合的牌局，在这种情况下，X_1 很大的可能性是 24. 如果第二位和第三位玩家在同样的时间段内分别可以进行 60 和 120 个回合的牌局，那么 X_2 可以是 0 ~ 60 之间的整数，X_3 则可以是 0 ~ 120 之间的任意一个整数. 尽管有时 X 的取值超过 24 是很少见的.

图 5.5.1 表示的是这三个随机变量在 0 ~ 20 之间的一个概率质量函数. 可以发现，它们趋同于特定的极限分布，这个极限分布就称为泊松分布. 和二项分布

不同的是，泊松分布不取决于 n 和 p 两个参数，而仅仅取决于一个参数 λ，称之为**比率**. 在这个例题中，$\lambda = 4$.

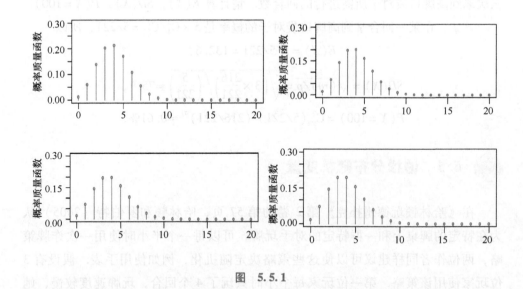

图 **5.5.1**

图 5.5.1　二项分布随机变量（平均值为 4）的概率质量函数. 左上方：$B(24, 1/6)$；右上方：$B(60, 1/15)$；左下方：$B(120, 1/30)$. 右下方：$P(4)$.

泊松分布随机变量的概率质量函数是 $f(k) = e^{-\lambda} \lambda^k / k!$，$k = 0, 1, 2, \cdots$，$\lambda > 0$，规定 $0! = 1$，$e = 2.71828\cdots$ 称为欧拉常数. 正如上述讨论，泊松分布随机变量是二项分布的极限分布，$n \to +\infty$，np 恒为值 λ. 证明：注意到二项分布模型随机变量的概率密度函数是：

$$f(k) = C_n^k p^k q^{n-k}$$

$$= C_n^k (\lambda/n)^k (1 - \lambda/n)^{n-k}$$

$$= C_n^k / n^k \lambda^k (1 - \lambda/n)^{-k} (1 - \lambda/n)^n.$$

使用微积分恒等式，$\lim\limits_{n \to +\infty} (1 - \lambda/n)^n = e^{-\lambda}$，$\lambda > 0$. 对于任何一个固定的非负整数 k，

$$\lim\limits_{n \to +\infty} C_n^k / n^k = \lim\limits_{n \to +\infty} n! / [k!(n-k)!n^k] = 1/k! \quad \lim\limits_{n \to +\infty} n(n-1)(n-2)\cdots(n-k+1)/n^k = 1/k!$$

$$\lim\limits_{n \to +\infty} [n/n][(n-1)/n][(n-2)/n]\cdots[(n-k+1)/n] = 1/k!$$

$$\lim\limits_{n \to +\infty} (1 - \lambda/n)^{-k} = 1$$

那么，我们有 $\lim\limits_{n \to +\infty} f(k) = 1/k! \lambda^k e^{-\lambda}$，如果 X 是泊松分布（λ）随机变量，那么 X 的矩量母函数 $\Phi_X(t) = E(e^{tX}) = \sum\limits_{k=0}^{+\infty} e^{tk} e^{-\lambda} \lambda^k / k! = e^{-\lambda} \sum\limits_{k=0}^{+\infty} (\lambda e^t)^k / k! = \exp(-\lambda)$

$\exp(\lambda e^{t}) = \exp(\lambda e^{t} - \lambda)$. 计算 $\Phi'_{X}(0)$ 和 $\Phi''_{X}(0)$, 可以发现（见习题 5.8）对于一个泊松分布（λ）随机变量 X, $E(X) = \lambda$, $Var(X) = \lambda$. 注意到 λ 一定是正数, 但并不一定要为整数. 在很多的例题中, 例如在这章开头提到的一个小时之内的诈牌次数或是例 5.5.1, 参数 λ 被称为比率, 表示的是每个单位时间内特定事件发生的平均值或是每个单位面积内某事件观察到的平均值. 事实上, 假设在任何不相交的事件跨度内事件的数量是相互独立的, 那么在给定的时间段里事件发生的次数服从泊松分布. 事件的这种组合称为**泊松过程**. 例如, 火灾、飓风、传染病、不明飞行物的发生次数以及特定物种的发病率都可以构成一个泊松过程. 相对地, 以集群而发生的事件, 例如地震发生的时间和地点; 或是那些被抑制的并不是以集群出现的事件, 例如巨大红杉树的位置, 这些事件一般都不能构成一个泊松过程.

 **例 5.5.1** 许多赌场会奖励一些极少发生的牌局情况, 称为**中奖牌**（见例 3.3.3）. 每个赌场对这些中奖牌都有不同的定义. 假设某个赌场定义了中奖牌, 并且该定义的中奖牌平均每 50000 个回合发生一次. 如果该赌场每天大约进行 10000 个回合的牌局, 那么在 7 天的时间内能拿到的中奖牌次数的期望值和标准差各是多少? 使用二项分布和泊松近似这两种方法计算出的答案相差多少? 建立泊松模型, 如果 X 表示在一周内拿到中奖牌的次数, 那么 $P(X=5)$ 是多少? $P(X=5 \mid X>1)$ 是多少?

答案: 首先我们进行合理地假设: 不同回合出现的结果都是独立同分布的, 这个假设同样适用于中奖牌. 在 7 天的时间里, 大约进行了 70000 个回合, 所以 $X=$ 中奖牌出现的次数, $X \sim B(n=70000, p=1/50000)$. 所以

$$E(X) = np = 1.4,$$

$$SD(X) = \sqrt{npq} = \sqrt{(70000 \times 1/50000) \times (49999/50000)} \approx 1.183204.$$

使用泊松近似, 则 $E(X) = \lambda = np = 1.4$, $SD(X) = \sqrt{\lambda} \approx 1.183216$. 这个例题中, 泊松模型得出的结果非常之近似. 使用泊松模型, $\lambda = 1.4$, $P(X=5) = \exp(-1.4)1.4^{5}/5! \approx 0.01105 \approx 1/90.5$, $P(X=5 \mid X>1) = P(X=5 \cap X>1)/P(X>1) = P(X=5)/P(X>1) = [\exp(-1.4)1.4^{5}/5!]/[1 - \exp(-1.4)1.4^{0}/0! - \exp(-1.4)1.4^{1}/1!] \approx 0.01105/0.4082 = 0.0271 \approx 1/36.9$.

 习 题

习题 5.1 多伊尔·布伦森是 1976 年和 1977 年 WSOP 主赛场的冠军, 这两场

比赛的最后一个回合中，他的底牌都是（10，2），而且每次在河牌圈就组成了葫芦．在 $n=100$ 个回合中，假设 X 表示的是：底牌是（10，2）同时拿到河牌后组成葫芦的次数，请计算 $P(X \geqslant 2)$．

习题 5.2 假设你不断地参加德州扑克比赛，设 $X_1 =$ 直到你拿到口袋对子所进行的回合次数，$X_2 =$ 直到你拿到两张黑色的底牌所进行的回合数．设 $Y = \min\{X_1, X_2\}$，$Z = \max\{X_1, X_2\}$．请写出 Y 和 Z 的概率质量函数的一般表达式．

习题 5.3 假设 X 服从几何分布（p），设 f 表示 X 的概率质量函数．证明：如果 $k > c$，k，c 是整数，那么 $P(X = k \mid X > c) = f(k-c)$．这也就是证明了：对于一个几何分布随机变量，前 c 次试验中某事件没有发生不会影响该事件发生还需要进行的试验次数．

习题 5.4 假设 X 服从泊松分布，$X_1 \sim P(\lambda_1)$，$X_2 \sim P(\lambda_2)$ 且 X_1 和 X_2 相互独立．证明 $Y = X_1 + X_2$ 也服从泊松分布．并且平均值是 $\lambda_1 + \lambda_2$．

习题 5.5 设 X 表示直到底牌第一次是 AA 所需进行的回合数，Y 表示直到底牌第一次是高牌口袋对子所需进行的回合数，高牌口袋对子在例 5.4.1 中已被定义．请比较 X 和 Y 的数学期望值和标准差．

习题 5.6 2008 年 WSOP 主赛场最后的一场比赛中，已经持续比赛了 15 个小时 28 分钟，已经进行了 274 个回合．在电视播报中，只放送了 23 个回合，而在放送的这些回合中，这次的冠军彼得·伊斯特盖特（Peter Eastgate）参与的回合数是 8 个，并且这 8 个回合都获胜了，而其中有 6 个回合中的牌型至少是三条或是更好的牌型．a）如果你每次都不弃牌，那么多久出现一次三条或是更好的牌型？b）假设每 15 个小时 28 分钟进行 274 个回合，在每个回合中都没有人弃牌，那么请计算这个时间段内一位玩家能组成三条或是更好的牌型的次数的数学期望和标准差．c）使用二项分布和泊松近似这两种方法计算出的答案相差多少？使用泊松模型，如果 X 表示的是在 15 个小时 28 分钟内一位玩家组成三条或是更好的牌型的回合数，那么请计算 $P(X = 6)$ 和 $P(X \geqslant 6)$．

习题 5.7 证明：对于一个几何分布随机变量 X，参数为 p，$Var(X) = q/p^2$．

习题 5.8 使用矩量母函数的导数，证明：

如果 X 是泊松分布（λ）随机变量，那么 $E(X) = Var(X) = \lambda$.

习题 5.9 证明：对于一个负二项分布（r，p）随机变量，它的矩量母函数 $\Phi_X(t) = [pe^t/(1 - qe^t)]^r$.

习题 5.10 证明：一个负二项分布（r，p）随机变量 X，$E(X) = r/p$，$Var(X) = rq/p^2$.

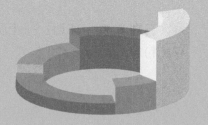

6 连续型随机变量

德州扑克的所有概率问题几乎都涉及离散型、有限的概率问题，一副牌中只有 52 张牌，因此在一个给定的回合中可能出现的结果数量是有限的．每个回合之间都是明确分开的，每个玩家所参加的回合数都是整数．讨论 2.5 个回合或是 e 个回合都是没有意义的．但是，在第 5.5 节中，我们可以看出极限分布是十分有用的，例如泊松分布随机变量对于计算大量回合中某事件发生的回合数是非常有用的近似值．在这章中，我们讨论连续型随机变量，它也能获得非常有用的近似值．

6.1 概率密度函数

回顾一下第 4 章开头讨论的**连续型随机变量**，该随机变量可以在实线（或是实线的时间间隔，或是这种时间间隔的组合）的范围内取任何值．例如，X 表示的是玩家赢得一个回合前所需要的确切时间（以分钟为单位），那么原则上 X 的取值范围可以是 $[0, +\infty)$ 上的任意一个值．精确的值，例如 8.734301 或 e 或 π 都是存在的，想要一一列举出 X 可能的取值是不可能的．对于这种连续型随机变量，我们不能简单地用概率质量函数来描述它们的分布．概率质量函数的连续型的模拟函数称为**概率密度函数**，简写为 pdf. 对于一个连续型随机变量 X，概率密度函数 $f(y)$ 是非负函数，其积分 $\int_a^b f(y)\mathrm{d}y = P(a \leqslant X \leqslant b)$，$a$ 和 b 是实数．

正如在 1.4 节中所讨论的，面积和概率之间的联系是值得关注的．根据概率密度函数的定义，a 和 b 之间概率密度函数的面积等于 a 和 b 之间 X 的概率．例如，在图 6.1.1 中，X 的概率密度函数 $f(y) = 3/20 - 3y^2/2000 (0 \leqslant y \leqslant 10)$，否则 $f(y) = 0$（y 为其他值）．因为对于任何的概率密度函数，$P(-\infty \leqslant X \leqslant +\infty) = 1$，所以，其积分 $\int_{-\infty}^{+\infty} f(y)\mathrm{d}y = 1$．

注意，如果一个随机变量 X 有概率密度函数 f，那么 X 取值为一个定值 c，其概率就是 0，因为对于任何一个 c 值，$\int_c^c f(y)\mathrm{d}y = 0$．原则上，一个随机变量 X 在连续区域 $[0,10]$ 内是可以取任何值的，某个特定离散值也存在正数概率的．但是，这种变量在实际应用中不经常出现，在这些情况下，我们认为 X 的概率密度函数是不存在的．因此，当 X 存在概率密度函数时，$P(a \leqslant X \leqslant b) = P(a < X \leqslant b) = P(a \leqslant X < b) = P(a < X < b)$．

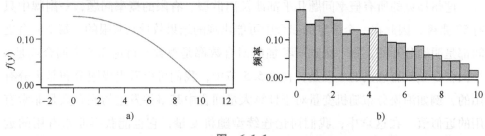

图　6.1.1

图 6.1.1a 概率密度函数的图解：$f(y) = 3/20 - 3y^2/2000 (0 \leqslant y \leqslant 10)$，$f(y) = 0$（$y$ 为其他值）；图 6.1.1b 根据概率密度函数 $f(y)$ 而获得的 1000 个独立绘图.

例 6.1.1 　假设在德州扑克比赛中，玩家直到赢得一个回合前所需要的时间（以分钟为单位）存在概率密度函数，如图 6.1.1a 显示的概率密度函数，$f(y) = 3/20 - 3y^2/2000 (0 \leqslant y \leqslant 10)$. 当 y 是其他值时，$f(y) = 0$. 根据这个模型，赢得第一个回合所需的时间在 3 到 5 分钟之间的概率是多少？直到赢得第一个回合所需的时间超过 8 分钟的概率是多少？直到赢得第一个回合所需的时间超过 10 分钟的概率是多少？

答案：设 X = 直到赢得第一个回合之前所需的时间，则

$$P(3 \leqslant X \leqslant 5) = \int_3^5 (3/20 - 3y^2/2000) \mathrm{d}y = 6/20 - (125/2000 - 27/2000) = 25.1\%,$$

$$P(X > 8) = \int_8^{+\infty} f(y) \mathrm{d}y = \int_8^{10} f(y) \mathrm{d}y \ 6/20 - (1000/2000 - 512/2000) = 112/2000 = 5.6\%,$$

$$P(X > 10) = \int_{10}^{+\infty} f(y) \mathrm{d}y = 0.$$

根据图 6.1.1a 的二次模型，$P(X > 10) = 0$，表明这个模型其实是不太理想的，因为直到赢得一个回合之前所需的时间超过 10 分钟的概率在实际情况中一般是相当大的正数. 一个更加适合等待事件的合理模型就是 6.2 节和 6.4 节中讨论的指数模型.

从一些未知的分布中取样 X_1，X_2，$\cdots$，X_n，这些都是独立同分布的观察值，那么我们如何估计出它们的分布呢？有一个办法就是利用**相对频率直方图**，例如图 6.1.1b 中所显示的. 柱状图中长方形的高表示的是落在 x 轴上的相关区域内的样本数据的个数的比例，除以 x 轴上的长方形的宽度. 例如，在图 6.1.1b 中，相对频率直方图是根据概率密度函数 $f(y) = 3/20 - 3y^2/2000$（$0 \leqslant y \leqslant 10$）的分布，从中取出 $n = 1000$ 个独立同分布的样本而画出的，其中在 4 和 4.5 之间的数据样本有 66 个，为总样本数的 6.6%. 画阴影的长方形沿着 x 轴从 4 分钟到 4.5 分钟，所以该长方形的宽就是 0.5 分钟，由此阴影部分的长方形 y 轴的高就是 6.6%/0.5 分钟 = 每分钟 0.132. 因此，阴影部分长方形的面积就是它的宽乘以高 = 0.5

分钟 $\times 0.132$ 每分钟 $= 6.6\%$ ，这个数字表示的是这个长方形中样本数占总样本的比例或随机选择的这些样本落在这个长方形中的概率。根据相对频率直方图以及概率密度函数，可以发现面积和概率相关。

 ## 6.2 数学期望、方差和标准差

对于一个离散型随机变量 X ，我们在第 4 章将其定义为

（ⅰ） $E(X) = \sum k P(X = k)$ ，

（ⅱ） $Var(X) = E[X - E(X)]^2 = E(X^2) - [E(X)]^2$

（ⅲ） $SD(X) = \sqrt{Var(X)}$

而对于一个连续型随机变量 X ，其数学期望的定义需要改动一下，因为对于所有的 k ， $P(X = k) = 0$ 。定义（ⅰ）的连续型随机变量的类比定义是：

$E(X) = \int_{-\infty}^{+\infty} y f(y) \mathrm{d}y$ ，其中 f 为 X 的概率密度函数。而对于离散型或连续型随机变量，定义（ⅱ）和（ⅲ）都适用。

例 6.2.1 图 6.2.1 表示的是高筹码扑克比赛前 5 季的玩家收益额。（这些信息是从网站 twoplustwo.com 的论坛上获取，但是由于其总数为 700000 美元而非 0 美元，所以该信息一定是不完整的或存在一些错误的。）在图 6.2.1 中，能拟合数据的曲线为 $f(x) = a\exp(-a|x|)/2$ ，其中 $a = 6.14 \times 10^{-6}$ 。请证明 f 是概率密度函数。如果 X 的值是随机从概率密度函数 f 中抽取的值，请计算 $E(X)$ 和 $SD(X)$ 。

图 6.2.1 高筹码扑克比赛前五季的玩家收益额，曲线方程为 $f(x) = a\exp(-a/x)/2$ ， $a = 6.14 \times 10^{-6}$ 。

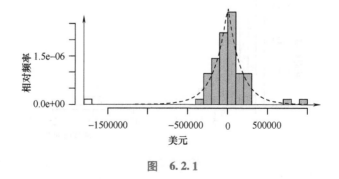

图 6.2.1

答案： f 是一个概率密度函数，则 f 一定是非负的，并且积分总和为 1 。对于所有的 y ， $f(y)$ 明显是非负的，又因为 $f(y) = f(-y)$ ，所以，

$$\int_{-\infty}^{+\infty} f(y)\,\mathrm{d}y = 2\int_0^{+\infty} f(y)\,\mathrm{d}y = a\int_0^{+\infty} \exp(-ay)\,\mathrm{d}y = -\exp(-ay)\,\Big|_0^{+\infty} = 1.$$

$E(X) = \int_{-\infty}^{+\infty} yf(y)\,\mathrm{d}y = 0$，因为 f 关于 $x=0$ 为对称轴的对称函数.

$$E(X^2) = \int_{-\infty}^{+\infty} y^2 f(y)\,\mathrm{d}y = 2\int_0^{+\infty} y^2 f(y)\,\mathrm{d}y = a\int_0^{+\infty} y^2 \exp(-ay)\,\mathrm{d}y$$

（进行两次分部积分）

$$= -y^2 \exp(-ay)\,\Big|_0^{+\infty} + 2\int_0^{+\infty} y\exp(-ay)\,\mathrm{d}y = 0 + 2\int_0^{+\infty} y\exp(-ay)\,\mathrm{d}y$$

$$= -2y\exp(-ay)/a\,\Big|_0^{+\infty} + 2/a\int_0^{+\infty} \exp(-ay)\,\mathrm{d}y = 0 + 2/a\int_0^{+\infty} \exp(-ay)\,\mathrm{d}y$$

$$= -2/a^2 \exp(-ay)\,\Big|_0^{+\infty} = 2/a^2.$$

因此，$Var(X) = E(X)^2 - [E(X)]^2 = 2/a^2 = 53050960753$，所以 $SD(X) = \sqrt{Var(X)} = 230327.90.$

例 6.2.2　图 6.2.2 相对频率直方图表示的是从 2005 年到 2010 年 WSOP 主赛场最后一场比赛中前后两位玩家之间的淘汰时间（包括休息时间）. 这些信息是从 cardplayer.com 的现场直播更新板块获取的. 如果 X 表示的是随机选择的淘汰时间（以小时为单位），那么根据其近似函数 $f(y) = a\exp(-ay)$，其中 $a = 0.285$，请计算 $E(X)$ 和 $Var(X)$.

图 6.2.2 从 2005 年到 2010 年 WSOP 主赛场最后一场比赛中相邻两位玩家之间的淘汰时间，根据 cardplayer.com 的现场直播更新板块中所获取的信息，其曲线函数是 $f(x) = a\exp(-ax)$，其中 $a = 0.285$.

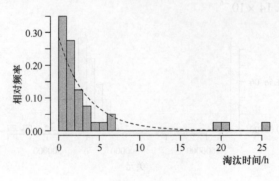

图　6.2.2

答案：$E(X) = \int_{-\infty}^{+\infty} yf(y)\,\mathrm{d}y = a\int_0^{+\infty} y\exp(-ay)\,\mathrm{d}y = -y\exp(-ay)\,\Big|_0^{+\infty} +$

$\int_0^{+\infty} \exp(-ay)dy$（运用分部积分法）$= 0 - \exp(-ay)/a \Big|_0^{+\infty} = 1/a = 1/0.285 \approx 3.51$ 小时.

使用分部积分以及计算出的 $a\int_0^{+\infty} y\exp(-ay)dy = 1/a$，可以得出

$$E(X^2) = \int_{-\infty}^{+\infty} y^2 f(y)dy = a\int_0^{+\infty} y^2 \exp(-ay)dy$$

$$= -y^2 \exp(-ay)\Big|_0^{+\infty} + 2\int_0^{+\infty} y\exp(-ay)dy = 2/a^2.$$

所以 $Var(X) = E(X^2) - [E(X)]^2 = 2/a^2 - 1/a^2 = 1/a^2 = 1/0.285^2 \approx 12.31$ 小时.

例 6.2.2 中的模型是指数分布. 这些分布一般用于描述等待时间，尤其适用于连续比率下随机发生的事件，在 6.4 节中我们会进一步讨论这些分布. 这些概率密度函数很常用，值得我们投以特别关注. 在下一章中我们将选择一些概率密度函数进行讨论.

 ## 6.3 均匀分布随机变量

一个最简单的均匀分布随机变量可能就是这样一种随机变量，它的概率密度函数在区间 $[a, b]$ 这个特定的范围内是常数. 也就是说，对于 $a \leq y \leq b$，$f(y) = 1/(b-a)$；y 为其他值，则 $f(y) = 0$. 因为一个均匀分布随机变量 X 是连续的，$P(X=a) = P(X=b) = 0$，所以上述的不等式是否是严格的这件事并不重要.

注意：对于所有的 y，都有 $f(y) \geq 0$，$\int_{-\infty}^{+\infty} f(y)dy = \int_a^b f(y)dy = (b-a)/(b-a) = 1$，所以 f 是一个有效的概率密度函数. 如果 X 是一个随机变量，其概率密度函数是 f，那么我们就说 X 在区间 $[a, b]$ 上是均匀分布的，其 $E(X) = (a+b)/2$，$SD(X) = (b-a)/\sqrt{12}$. 事实上，

$$E(X) = \int_a^b yf(y)dy = (b^2 - a^2)/[2(b-a)] = (a+b)/2,$$

$$E(X^2) = \int_a^b y^2 f(y)dy = (b^3 - a^3)/[3(b-a)],$$

所以 $Var(X) = (b^3 - a^3)/[3(b-a)] - (a+b)^2/4$
$$= (4b^3 - 4a^3 - 3a^2 b + 3a^3 - 6ab^2 + 6a^2 b - 3b^3 + 3ab^2)/[12(b-a)]$$
$$= (b^3 - a^3 + 3a^2 b - 3ab^2)/[12(b-a)] = (b-a)^2/12.$$

如果 X 是在区间 (a, b) 上的均匀分布随机变量，那么它的矩量母函数就是

$$\Phi_X(t) = E(e^{tX})$$

$$= \int_{-\infty}^{+\infty} e^{ty} f(y) \, dy$$

$$= \int_a^b e^{ty} [1/(b-a)] \, dy$$

$$= (e^{tb} - e^{ta})/[t(b-a)]$$

例 6.3.1 假设你参加一场大型锦标赛，其中还有 $n = 100$ 位其他玩家. 设 X 表示在你淘汰之前已经被淘汰的对手数量. 如果每人的牌技都一样，那么 X 可以是 0，1，2，…，100 这些值中的任意一个值，并且取值的可能性都是相同的. 在这个例题中，只有 100 个离散的数字，但是如果随着 $n \to +\infty$，X 的分布不断趋近于在区间 $[0,100]$ 上的均匀分布. 对于一个大的 n，均匀分布为一个极限函数，请计算 $P(20 \leqslant X \leqslant 35)$ 以及 $E(X)$ 和 $SD(X)$.

答案：在区间 $[0,100]$ 中 $X \sim U[0,100]$，X 的概率密度函数是 $f(y) = 1/100$ （$0 \leqslant y \leqslant 100$），$f(y) = 0$（$y$ 为其他值）. 所以

$$P(20 \leqslant X \leqslant 35) = \int_{20}^{35} f(y) \, dy = (35 - 20)/100 = 0.15,$$

$$E(X) = (100 - 0)/2 = 50,$$

$$SD(X) = (100 - 0)/\sqrt{12} \approx 28.9.$$

例 6.3.2 假设 X 和 Y 是独立的均匀分布（0，1）随机变量，设 $Z = \max\{X, Y\}$. 请写出：

a）Z 的概率密度函数；b）Z 的数学期望；c）Z 的标准差.

答案：

a）首先，考虑 Z 的累积分布函数 $F(c)$，当且仅当 $X \leqslant c$ 并且 $Y \leqslant c$，那么 $Z \leqslant c$. 因为 X 和 Y 都是独立的，所以对于 $0 \leqslant c \leqslant 1$，$F(c) = P(Z \leqslant c) = P(X \leqslant c \cap Y \leqslant c) = P(X \leqslant c)P(Y \leqslant c) = c^2$. 由于 $F(c) = \int f(z) \, dz$，$f(z)$ 是 Z 的概率密度函数，根据微积分的基本定理，$f(c) = F'(c) = 2c (0 \leqslant c \leqslant 1)$.

b）$E(Z) = \int_0^1 cf(c) \, dc = \int_0^1 2c^2 \, dc = 2/3$.

c）$E(Z^2) = \int_0^1 c^2 f(c) \, dc = \int_0^1 2c^3 \, dc = 1/2$，所以，$Var(Z) = E(Z^2) - E^2(Z) = (1/2) - (2/3)^2 = 1/18$，因此，$SD(Z) = \sqrt{1/18} \approx 0.2357$.

例 6.3.3 为了简化扑克游戏模型版本而研究最优策略时会涉及均匀分布

随机变量. 例如, Chen 和 Ankenman 在《扑克的数学》一书中分析了各种单挑比赛, 在这样的比赛中, 玩家 A 和玩家 B 拿到的不是两张底牌, 而是一个单独的数字, 该数字从区间 $[0,1]$ 内的均匀分布上独立地抽取. 设 a 和 b 分别表示两位玩家拿到的数字. 根据陈和安肯曼书籍的 115 页中讨论的简化情景, 底池规模最初为 0, 玩家 A 必须过牌, 一旦玩家 B 下注, 玩家 A 必须跟注, 玩家 B 可以选择过牌或是下 1 个筹码. 所以, 玩家 A 是不需要做决定的, 而玩家 B 则只有两个选择, 下注或是不下注. 假设下注后, 谁的数字点数高, 谁就获胜. 设 X 表示玩家 B 收益的筹码数量. 如果玩家 B 想要最大化她的期望收益, 那么她的最优策略是什么? 期望收益又是多少?

答案: 如果玩家 B 拿到的数字是 b, 并决定下注, 那么 $E(X \mid b) = (-1)P(a>b) + (1)P(a<b) = (-1)(1-b) + (1)(b) = 2b-1$, a 在区间 $[0,1]$ 上均匀分布并且和 b 之间相互独立. 如果玩家 B 决定过牌, 那么 $E(X \mid b) = 0$. 因此, 为了最大化玩家 B 的期望收益, 如果 $2b-1>0$, 那么下注, 否则就过牌, 例如 $b>1/2$ 的话就下注. 使用这个策略, 玩家 B 下注并获胜了, 则收益为 1 个筹码; 如果下注而输了, 那么收益就是 -1 个筹码; 如果她过牌, 则收益为 0. 注意到, 根据对称性以及 a 与 b 相互独立, 假设 a 和 b 都大于 $1/2$, $a>b$ 和 $a<b$ 发生的可能性相同. 因此,

$$
\begin{aligned}
E(X) &= (1)P(b>1/2 \cap a<b) + (-1)P(b>1/2 \cap a>b) + (0)P(b \leqslant 1/2) \\
&= (1)P(b>1/2)P(a<b \mid b>1/2) + (-1)P(b>1/2)P(a>b \mid b>1/2) \\
&= (1/2)P(a<b \mid b>1/2) - (1/2)P(a>b \mid b>1/2) \\
&= (1/2)P(a<b \mid a<1/2 \cap b>1/2)P(a<1/2 \mid b>1/2) \\
&\quad + (1/2)P(a<b \mid a>1/2 \cap b>1/2)P(a>1/2 \mid b>1/2) \\
&\quad - (1/2)P(a>b \mid a<1/2 \cap b>1/2)P(a<1/2 \mid b>1/2) \\
&\quad - (1/2)P(a<b \mid a>1/2 \cap b>1/2)P(a>1/2 \mid b>1/2) \\
&= (1/2)(1)(1/2) + (1/2)(1/2)(1/2) - (1/2)(0)(1/2) - (1/2)(1/2)(1/2) \\
&= 1/4.
\end{aligned}
$$

例题 6.3.3 中的情景设置与伯雷尔 (Borel) (1938)、冯·诺依曼 (von Neumann) 和摩根斯特恩 (Morganstern) (1944) 所研究的扑克简化方法很相似. 弗格森 (Ferguson) (2003) 总结了这些游戏的一些很棒的结论, 弗格森等人 (2007) 与陈和安肯曼 (2006) 对这些游戏进行了更加现实的拓展. 伯雷尔调查某项他命名为**复兴**的游戏比赛, 每位玩家的手牌都由例 6.3.3 中的均匀分布 (0,1) 随机变量所表示, 但是在这个比赛中, 每位玩家必须下一个筹码的前注,

玩家 B 不能过牌，只能弃牌或是下注预先给定数量的筹码；如果玩家 B 下注了，那么玩家 A 可以跟注或是弃牌．冯·诺依曼和摩根斯特恩的模型和伯雷尔的很相似，但是在这个模型中，玩家 A 可以过牌而不是弃牌，这个版本的模型将会在下面的例题中讨论．

例 6.3.4 现在我们讨论一下冯·诺依曼和摩根斯特恩分析的简化版扑克游戏．分析和例 6.3.3 很相似，但是在玩家 B 决定过牌还是下注之前，底池已有 2 个筹码．如果玩家 B 下注一个筹码，那么玩家 A 可以跟注或是弃牌．假设玩家 A 和玩家 B 目的是最大化期望收益，那么两位玩家的最优策略是什么？

答案：首先，假设玩家 B 不会选择诈牌，这个策略其实对玩家 B 来说不是最优的，稍后证明．假设玩家 B 不诈牌，如果 b 大于 0、1 之间的某阈值 b^*，那么玩家 B 下注，否则就过牌．同样地，如果玩家 B 下注，a 大于某阈值 a^*，那么玩家 A 跟注，否则玩家 A 弃牌．

假设为了最优化玩家 A 的期望收益，玩家 A 可以选择阈值 a^*．假设玩家 B 下注，如果玩家 A 弃牌，则收益为 0；如果玩家 A 跟注并赢了，那么玩家 A 的收益是 $2+1=3$，这个结果只会发生在 b 在 b^* 和 a^* 之间的情况下；如果玩家 A 跟注并输了，那么玩家 A 的收益就是 -1，这个结果只会发生在 b 在 a^* 和 1 之间的情况下．所以玩家 A 会选择一个阈值 a^*，这样可以使得玩家 A 在跟注情况下获得的期望收益等于在弃牌情况下获得的期望收益，这个在游戏比赛中的原理被称为**无差别原则**（布莱克·威尔（Blackwell）和格西克（Girshick），1954）．也就是说，当玩家 B 下注时，玩家 A 会选择 a^* 使得 $(3)(a^*-b^*)+(-1)(1-a^*)=0$，也就是 $3a^*-3b^*-1+a^*=0$，即 $a^*=(1+3b^*)/4$．注意到我们可以把这个式子写成 $a^*=b^*+(1-b^*)/4$，因为 $b<1$，由此可以得出 $a^*>b^*$．现在我们可以发现不诈牌所选择的这个策略对玩家 B 来说不是最优的，因此 b 在 a^* 和 b^* 之间的情况下，如果玩家 A 跟注，那么玩家 B 则不可避免地输了．所以如果 b 在 a^* 和 b^* 之间的情况下，玩家 B 选择过牌，而 b 在 0 和 a^*-b^* 之间的情况下，玩家 B 选择下注，那么玩家 B 的期望值毫无疑问会增加，因为玩家 B 在相同的区域里下注或是过牌，但在过牌的回合中会获得更多的收益．因此，玩家 B 在某些时候一定要诈牌以获得更多的收益，这才是较优的策略．

我们现在可以推理：当 b 处于 0 和某个值 b_1^* 之间时，玩家 B 可以选择诈牌；当 b 处于 b_1^* 和 b_2^* 之间时，过牌；当 b 处于 b_2^* 和 1 之间时，下注．根据无差别原则，当 $a=a^*$，玩家 A 会选择 a^* 以跟注，从而使得跟注的期望收益和弃牌的期望收益相同. b 值在 0 和 b_1^* 之间的概率是 b_1^*，这个情况下玩家 A 跟注并赢得 3 个筹码；b 值在 b_2^* 和 1 之间的概率是 $1 - b_2^*$，玩家 A 跟注并输 1 个筹码，根据无差别原则写出等式

$$0 = (3)(b_1^*) + (-1)(1 - b_2^*), b_2^* = 1 - 3b_1^*.$$

同样地，玩家 B 选择阈值 b_1^* 和 b_2^*，当 $b = b_1^*$ 或 b_2^* 使得无论选择下注还是让牌，其期望收益都无差别. 如果 $b = b_1^*$ 并且玩家 B 下注，那么 a 在 a^* 和 1 之间的情况下，玩家 B 输掉 1 个筹码，否则赢得 3 个筹码. 如果 $b = b_1^*$ 并且玩家 B 过牌，那么 $a > b_1^*$ 的情况下，玩家 B 输掉 0 个筹码，否则赢得 2 个筹码. 因此，$(-1)(1 - a^*) + (2)(a^*) = (0)(1 - b_1^*) + (2)(b_1^*)$，$a^* = (1 + 2b_1^*)/3$. 现在考虑 $b = b_2^*$ 的情况，则 $(-1)(1 - b_2^*) + (3)(b_2^* - a^*) + (2)a^* = (2)b_2^* + (0)(1 - b_2^*)$，$a^* = 2b_2^* - 1$. 将其运用到先前的等式中得 $2b_2^* - 1 = (1 + 2b_1^*)/3$，然后结合先前的 b_1^* 和 b_2^* 之间的关系，得出 $2(1 - 3b_1^*) - 1 = (1 + 2b_1^*)/3$，计算出 $b_1^* = 0.1$. 由此得出 $b_2^* = 0.7$，$a^* = 0.4$. 在这个设定的情景中，玩家 B 诈牌的概率是 10%，并且选择最好的 30% 回合进行下注，而玩家 A 则选择最好的 60% 回合进行跟注.

在冯·诺依曼和摩根斯特恩分析的比赛情景中，玩家 B 可以下注非负数量 b 的筹码，而并不是只能下注固定一个筹码. 这个比赛情景的最优策略见习题 6.15.

6.4 指数分布随机变量

直到某事件发生的等待时间常常利用指数随机变量进行建模. 回顾 5.3 节，我们讨论的几何分布随机变量用于描述直到某事件发生的独立同分布试验的数量. 指数分布一般适用于连续时间的情况.

给定固定参数 $\lambda > 0$，一个直属随机变量的概率密度函数是 $f(y) = \lambda \exp(-\lambda y)$ $(y \geq 0)$；$f(y) = 0$ （y 为其他值）. 注意到对于所有的 y，都有 $f(y) \geq 0$，$\int_{-\infty}^{+\infty} f(y) \mathrm{d}y = \lambda \int_{0}^{+\infty} \exp(-\lambda y) \mathrm{d}y = 1$，所以 f 是一个有效的概率密度函数. 如果 X 服从参数为 λ 的指数分布，那么 $E(X) = SD(X) = 1/\lambda$. 进行分部积分，

$$E(X) = \int_{0}^{+\infty} y \lambda \exp(-\lambda y) \mathrm{d}y = -y \exp(-\lambda y) \Big|_{0}^{+\infty} + \int_{0}^{+\infty} \exp(-\lambda y) \mathrm{d}y$$

$$= -\exp(-\lambda y)/\lambda \Big|_{0}^{+\infty} = 1/\lambda.$$

$$E(X^2) = \int_0^{+\infty} y^2 \lambda \exp(-\lambda y) \mathrm{d}y = -y^2 \exp(-\lambda y) \Big|_0^{+\infty} + 2\int_0^{+\infty} y\exp(-\lambda y)\mathrm{d}y = 2/\lambda^2.$$

因此，$Var(X) = 2/\lambda^2 - 1/\lambda^2 = 1/\lambda^2$，$SD(X) = 1/\lambda$。

指数分布和 5.5 节讨论的泊松分布很相近。如果在不相交的时间段里事件的发生总数都是相互独立的，那么这些事件发生总数是泊松分布随机变量。如果该事件以常数 λ 的比率发生，那么事件之间的事件或是**间隔时间**是指数分布随机变量，其平均值是 $1/\lambda$。

例 6.4.1 假设每个小时进行 20 个回合的比赛，每个回合正好 3 分钟，设 X 表示直到底牌第一次出现 AA 的事件（以小时为单位）。使用指数分布估计 $P(X \leq 2)$，并比较用几何分布正确计算而得的结果。

答案：每个回合需要 $1/20$ 小时，在一个回合中底牌是 AA 的概率是 $1/221$（见例 2.4.1），所以底牌是 AA 的比率 λ 就是 $1/221$ 个回合 $= 1/(221/20)$ 小时 ≈ 0.0905 每小时。建立指数模型，$P(X \leq 2) = 1 - \exp(-2\lambda) \approx 16.556\%$。这是个近似值，因为假设的 X 不是连续的而是 3 分钟倍数的整数。设 $Y = $ 直到底牌是 AA 所经历的回合数。使用几何分布，$P(X \leq 2$ 小时$) = P(Y \leq 40$ 个回合$) = 1 - (220/221)^{40} \approx 16.590\%$。

一个指数随机变量的残存函数非常简单：

$$P(X > c) = \int_c^{+\infty} f(y) \mathrm{d}y = \int_c^{+\infty} \lambda \exp(-\lambda y) \mathrm{d}y = -\exp(-\lambda y) \Big|_c^{+\infty} = \exp(-\lambda c).$$

和几何分布随机变量一样，指数分布随机变量具有在 5.3 部分讨论的无记忆性的性质：如果 X 服从指数分布，那么对于任何非负数值 a 和 b，都有 $P(X > a + b \mid X > a) = P(X > b)$。证明：$P(X > a + b \mid X > a) = P(X > a + b \cap X > a)/P(X > a) = P(X > a + b)/P(X > a) = \exp[-\lambda(a+b)]/\exp(-\lambda a) = \exp(-\lambda b) = P(X > b)$。因此，对于一个指数分布（几何分布）随机变量，如果在一定时间内你所要等待的事件还没有发生，那么**未来**的分布，也就是直到事件发生还需要的额外时间，这个随机变量的分布和直到事件发生的**绝对**时间的分布是一样的。

例 6.4.2 菲尔·赫尔姆斯一般在大型锦标赛中都会"迟到"。假设你参加了一场锦标赛，该比赛每小时进行 20 个回合，你开始比赛 5 个小时他才到比赛现场。使用指数分布估计直到拿到底牌是 AA 所需的时间的分布，假设在底牌拿到 AA 之前，你和赫尔姆斯都不可能被淘汰。并计算 a）在赫尔姆斯到达之前你的底牌能发到 AA 的概率是多少？b）在赫尔姆斯拿到 AA 之前你能拿到 AA 的概率是多少?

答案：设 X 表示直到你拿到 AA 底牌所经历的时间，Y 表示赫尔姆斯拿到 AA 底牌的时间. 在一个回合中能拿到 AA 底牌的概率是 $C_4^2/C_{52}^2 = 1/221$，回合数以每小时 20 个回合的比率进行着. 所以拿到 AA 底牌的速率 λ 就是 20/221. X 近似为指数分布，λ 为 20/221，

  a) $P(X<5) = 1 - \exp(-20/221 \times 5) = 1 - \exp(-100/221) \approx 36.4\%$.

  b) $P(X<Y) = P(X<5) + P(X \geqslant 5 \cap X<Y) = P(X<5) + P(X \geqslant 5)P(X<Y \mid X \geqslant 5)$. 由于 a) 部分已计算出 $P(X<5) \approx 36.4\%$，所以 $P(X \geqslant 5) = 63.6\%$. 由于指数分布的无记忆性，假设 $X \geqslant 5$，X 和 Y 有相同的分布，所以 $P(X<Y \mid X \geqslant 5) = 1/2$. 因此，$P(X<Y) \approx 36.4\% + 63.6\% \times 1/2 = 68.2\%$.

 ## 6.5 正态分布随机变量

在实际运用中，正态分布比其他任何分布都更加频繁地使用. 正态分布又称为**高斯**分布，是以德州数学家卡尔·弗里德里希·高斯（Carl Friedrich Gauss）的名字命名. 高斯用这个分布来判断加权最小二乘估计的衍生. 正态分布往往作为独立同分布随机变量**平均值**分布的极限分布，这个结论会在 7.2 节中进行讨论. 正态分布同样运用于很多其他现象的建模，尤其适用于不同领域中的测量误差.

一个正态分布的随机变量 X 的概率密度函数是

$$f(y) = \frac{1}{\sqrt{2\pi}\sigma}\exp\left[-(y-\mu)^2/(2\sigma^2)\right], \text{实值参数 } \mu \text{ 和 } \sigma \text{ 都要大于 } 0.$$

证明 f 是一个有效的概率密度函数：首先，发现对于所有的 y，$f(y) > 0$. 然后，为了证明 $\int_{-\infty}^{+\infty} f(y)\,\mathrm{d}y = 1$，我们要将直角坐标变为极坐标，例如设 $x = r\cos(\theta)$，$y = r\sin(\theta)$，进行二重积分，$\int_{-\infty}^{+\infty}\int_{-\infty}^{+\infty}\exp\left[-(x^2+y^2)/2\right]\mathrm{d}y\mathrm{d}x = \int_0^{2\pi}\int_0^{+\infty}\exp(-r^2/2)r\mathrm{d}r\mathrm{d}\theta = 2\pi\int_0^{+\infty}r\exp(-r^2/2)\,\mathrm{d}r = -2\pi\exp(-r^2/2)\Big|_0^{+\infty} = 2\pi$. 因为 $\int_{-\infty}^{+\infty}\int_{-\infty}^{+\infty}\exp\left[-(x^2+y^2)/2\right]\mathrm{d}y\mathrm{d}x = \left[\int_{-\infty}^{+\infty}\exp(-x^2/2)\mathrm{d}x\right]\left[\int_{-\infty}^{+\infty}\exp(-y^2/2)\mathrm{d}y\right] = \left[\int_{-\infty}^{+\infty}\exp(-y^2/2)\mathrm{d}y\right]^2$，所以就有 $\int_{-\infty}^{+\infty}\exp(-y^2/2)\mathrm{d}y = \sqrt{2\pi}$. 因此，对变量进行转换，令 $z = (x-\mu)/\sigma$，$\int_{-\infty}^{+\infty}f(y)\mathrm{d}y = 1/\sqrt{(2\pi\sigma^2)}\sigma\int_{-\infty}^{+\infty}\exp(-z^2/2)\mathrm{d}z = \sigma\sqrt{(2\pi)}/$

$\sqrt{(2\pi\sigma^2)} = 1.$

如果 X 是一个正态分布的随机变量，参数为 μ 和 σ，那么 $E(X) = \mu$，$SD(X) = \sigma$. 为了

证明 $E(X) = \mu$，我们可以注意到：$\int_{-\infty}^{+\infty} z\exp[-z^2/(2\sigma^2)]dz = \int_{0}^{+\infty} z\exp[-z^2/(2\sigma^2)]dz + \int_{-\infty}^{0} z\exp[-z^2/(2\sigma^2)]dz = \int_{0}^{+\infty} z\exp[-z^2/(2\sigma^2)]dz - \int_{0}^{+\infty} z\exp[-z^2/(2\sigma^2)]dz = 0$，所以，

$$E(X) = \int_{-\infty}^{+\infty} yf(y)dy$$

$$= \int_{-\infty}^{+\infty} (y-\mu)f(y)dy + \int_{-\infty}^{+\infty} \mu f(y)dy$$

$$1/\sqrt{(2\pi\sigma^2)} \int_{-\infty}^{+\infty} z\exp[-z^2/(2\sigma^2)]dz + \mu$$

$$= \mu,$$

其中，我们令 $z = y - \mu$.

相同地，我们令 $z = (y-\mu)/\sigma$ 来证明 $Var(X) = \sigma^2$：

$$Var(X) = E(X-\mu)^2$$

$$= 1/\sqrt{(2\pi\sigma^2)} \int_{-\infty}^{+\infty} (y-\mu)^2 \exp[-(y-\mu)^2/(2\sigma^2)]dy$$

$$= \sigma^2/\sqrt{(2\pi)} \int_{-\infty}^{+\infty} z^2\exp[-z^2/2]dz, \text{进行分部积分}$$

$$= \sigma^2/\sqrt{(2\pi)}[-z\exp(-z^2/2)]\Big|_{-\infty}^{+\infty} + \sigma^2/\sqrt{(2\pi)} \int_{-\infty}^{+\infty} \exp[-z^2/2]dz$$

$$= \sigma^2/\sqrt{(2\pi)}(0) + \sigma^2/\sqrt{(2\pi)}[\sqrt{(2\pi)}]$$

$$= \sigma^2.$$

正态分布随机变量实际应用很广，我们经常会看到缩写式 $N(\mu, \sigma^2)$，表示一个正态分布随机变量，其平均值为 μ，方差为 σ^2. 在一些特殊情况下，$X \sim N(0, 1)$，我们就称 X 是标准正态的随机变量. 从概率密度函数可以看出，如果 X 是正态分布的，那么 aX 和 $X+a$（a 为任何非零常数）也是正态分布的. 在第 4 章中，一个随机变量乘以常数 a 后的数学期望和方差分别是原数学期望乘以 a，原方差乘以 a^2，随机变量加上 a 后的数学期望是原数学期望增加 a，方差不变.

如果 $X \sim N(\mu,\ \sigma^2)$，$Y=(X-\mu)/\sigma$，那么 Y 服从标准正态分布.

标准正态分布的一些性质是十分重要的. 首先，标准正态分布的概率密度函数关于 $x=0$ 对称，所以对于一个标准正态分布随机变量 Z 而言，$P(Z<0)=50\%$. 对于实数 a，有 $P(Z<-a)=P(Z>a)$. 而且，$P(|Z|<0.674)\approx 50\%$，$P(|Z|<1)\approx 68.27\%$，$P(|Z|<1.96)\approx 95\%$. 也就是说，任何一个正态随机变量，平均数的 0.674 个标准差范围内置信度为 50%，平均数的 1 个标准差范围内置信度为 68.27%，平均数的 1.96 个标准差范围置信度为 95%.

例 6.5.1 假设在德州扑克锦标赛中某玩家的收益是独立同分布的，服从正态分布，标准差为每单位时间 \$100，该玩家的收益数字在 75% 的时间段内都是正数. 那么每单位时间内玩家的期望收益是多少？

答案： 设 X 表示给定时间段内玩家的收益（以美元为单位），设 $Z=(X-\mu)/\sigma \sim N(0,\ 1)$. $75\%=P(X>0)=P(Z>-\mu/100)$，所以 $P(Z\leqslant -\mu/100)=100\%-75\%=25\%$，根据标准正态分布的对称性，$P(Z\geqslant \mu/100)=25\%$. 因此，$P(|Z|<\mu/100)=100\%-25\%-25\%=50\%$，如图 6.5.1 所示. 回顾一下 $P(|Z|<0.674)\approx 50\%$，由此 $\mu/100=0.674$，所以 $\mu=100\times 0.674=67.40$.

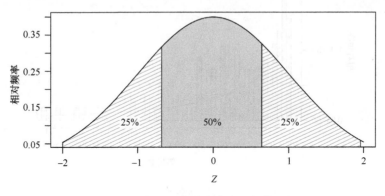

图 6.5.1 标准正态分布密度函数的面积

 6.6 帕累托分布随机变量

许多现象有这样的性质：与一些大事件相比起来，其他事件的值相形见绌；这些极端大事件发生的频率远远高于传统分布，如正态分布或是指数分布所计算出的频率. 这类现象称为**重尾**，因为在尾部的面积或是分布的极端上部（和/或下部）较大. 例如，地震释放出的能量以及火灾的范围大小，这类环境干扰事件之间的事件或距离，或是某些物种的物种数量丰度，包括入侵性植物或是传染病. 帕累托分布就是一种重尾分布，可以适用于这些类型例子的分析. 帕累托分布的使用的另一个理论依据就是极端事件，例如独立同分布观测值的极值，在特定的条件下，它的分布可以通过帕累托分布来说明.

帕累托分布的累积分布函数为 $F(y) = 1 - (a/y)^b$，概率密度函数 $f(y) = (b/a)(a/y)^{b+1}$ ($y > a$)，其中 $a > 0$，是低截断点，一般在记录观测值之前就已经给出；$b > 0$ 是需要利用数据计算的参数.

例 6.6.1　2010 年 WSOP 主赛场的第五天，还剩下 205 位玩家. 图 6.6.1 表示的是筹码总数的前 110 位玩家的相对概率分布图以及帕累托分布的概率密度函数，其中 $a = 900000$，固定参数 $b = 1.11$. 假设从这 110 位玩家中随机选出一个，根据给定的帕累托分布，请计算该玩家的筹码在 1500000 美元 ~ 2000000 美元之间的概率.

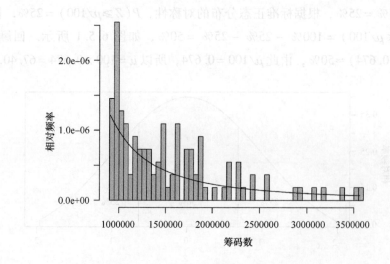

图　6.6.1

图 6.6.1：2010 年 WSOP 主赛场第五天后前 110 位玩家的筹码数的相对频率分布图. 曲线为帕累托密度函数，$a = 900000$，$b = 1.11$.

答案：玩家的筹码小于 2000000 的概率是 $F(2000000) = 1 - (a/2000000)^b \approx 58.78\%$. 玩家的筹码数小于 1500000 的概率是 $F(1500000) = 1 - (a/1500000)^b \approx 43.28\%$. 因此玩家的筹码数在 1500000 ~ 2000000 之间的概率是 $F(2000000) - F(1500000) \approx 58.78\% - 43.28\% = 15.50\%$.

帕累托分布有一种特殊的性质：**自相似性或是分形性**，该概率密度函数（重对数尺度）的图形形状在所有的尺度规模上都是一样的. 更详细地说，相对于任何数值 z 的密度函数而言，任何数值 y 的概率密度函数只取决于 y 与 z 的比值，而不取决于数值本身. 参数 b 被称为分布的**分形维数**.

 例 6.6.2 根据例 6.6.1 中的帕累托极限函数，玩家筹码数为 2000000 的概率密度与玩家筹码数为 1000000 的概率密度的比是多少？玩家筹码数为 4000000 的概率密度与玩家筹码数为 2000000 的概率密度的比是多少？请比较这两个结果.

答案：

$f(2000000)/f(1000000) = (b/a)(a/2000000)^{b+1}/(b/a)(a/1000000)^{b+1} = (1000000/2000000)^{b+1} \approx 23.16\%$，同样地，$f(2000000)/f(4000000) = (2000000/4000000)^{b+1} \approx 23.16\%$.

帕累托分布的一个变形就是**锥形帕累托分布**，它的累积分布函数是 $F(x) = 1 - (a/x)^b \exp[(a-x)/c]$，概率密度函数就是 $f(x) = (b/x + 1/c)(a/x)^b \exp[(a-x)/c]$（$x \geq a, a, b, c > 0$）. 参数 c 称为**上限截止参数**. 帕累托和锥形帕累托分布是非常相似的，只有在极端上限末尾处有很大的不同，而事件在上限末尾处几乎不会发生，所以在实际中要想区分这两个分布是非常困难的.

♠ 6.7 连续型先验分布和后验分布

贝叶斯定理（见 3.4 节）适用于连续型随机变量，用于未知数分布的估计. 假设观测值 $Z = \{Z_1, \cdots, Z_n\}$，在开始阶段，我们已经了解了其他数值 X 的先验密度函数 $f(y)$，$\int_a^b f(y) \mathrm{d}y$ 表示随机变量 X 在区间 (a, b) 内的概率. 同样地，我们假设 X 取值为某一特定值 y，观测值 $Z = \{Z_1, \cdots, Z_n\}$ 的条件密度函数是 $h(Z \mid y)$，这个函数 h 被称为**似然函数**. 设 $g(y \mid Z)$ 表示在 Z 的前提下，X 的后验密度函数，例如给定记录数据，$\int_a^b g(y \mid Z) \mathrm{d}y$ 是落在区间 (a, b) 内的 X 的概率. 根据贝叶斯定理，$g(y \mid Z) = h(Z \mid y) f(y) / \int h(Z \mid y) f(y)$.

 例 6.7.1 假设根据你的经验，大多数玩家在给定的棋牌室中，一般 10% ~ 30% 的回合数不弃牌，不同的玩家不弃牌回合的频率分布在 10% ~ 30% 之间的范围内是一致的. 现在，假设你并不知道有关随机选择的一位对手的信息. 你观看了 30 个回合的比赛，发现她只有 2 场没有弃牌. 给定这个信息，假设回合是相互独立的，玩家每个不弃牌回合的概率是常数 p，那么 p 的后验概率密度函数是多少？

答案：给定参与一个回合的概率是 p，Z 表示的是观察到的 30 个回合中 2 个回合不弃牌的事件，Z 的似然函数是 $C_{100}^5 p^2 q^{28}$，其中 $q = 1 - p$. p 的先验密度函数是 $f(y) = 5 (y \in (0.1, 0.3))$，$f(y) = 0$（$y$ 为其他值）. 因此，利用贝叶斯定理，p 的后验密度函数是 $g(y \mid Z) = 5 C_{100}^5 y^2 (1-y)^{28} / \int_{0.1}^{0.3} C_{100}^5 y^2 (1-y)^{28} \mathrm{d}y = a y^2 (1-y)^{28}$（$y \in (0.1, 0.3)$），其中 $a = \left[\int_{0.1}^{0.3} y^2 (1-y)^{28} \mathrm{d}y \right]^{-1}$；$g(y \mid Z) = 0$（$y$ 为其他值）.

p 的后验密度函数的近似值以及 p 的先验密度函数如图 6.7.1 所示. 可以看出多达 100 个回合中玩家极少的回合不弃牌这个信息说明了相对于更小的 p 值有更高的密度，相对于一致先验密度函数，在临近 0.3 处密度非常低.

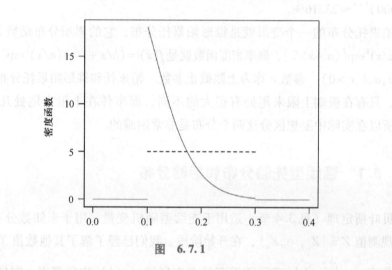

图 6.7.1

图 6.7.1 例 6.7.1 不弃牌回合的频率 p 的先验密度函数（虚线）和后验密度函数（实线）.

注意到例 6.7.1 中玩家进行每个回合都是独立的，它具有固定概率 p，这个信息是非常重要的. 但在很多情况下都不是这样的：如果一位玩家一直拿到比较差的牌，不得不连续不断弃牌，这样他就会觉得他可能给人以非常紧张的印象，因此他在下一回合中不弃牌的概率更高. 反之，一些玩家可能更倾向于每个回合都不弃牌，给人留下一种轻松的印象.

例 6.7.2 假设在给定的比赛中赌场没有抽水，每位玩家的长期收益是每小时 μ，不同玩家每小时的平均收益服从正态分布，平均值为 0，标准差是 2. 假设每位玩家每小时的盈利（或损失）的标准差大约为 10 美元. 观察一位随机抽取的玩家一个小时，发现玩家总共赢得了 50 美元. 只给出这些信息，那么 μ 的后验概率密度是多少？

答案：假设玩家每小时收益是正态分布，平均值 μ，标准差 $\sigma = 10$ 美元. 在给定的小时内收益 50 美元的事件 Z 的似然函数是 $(1/\sqrt{2\pi\sigma})\exp[-(50-\mu)^2/2\sigma^2] = (1/\sqrt{20\pi})\exp[-(50-\mu)^2/200]$. μ 的先验密度函数是 $f(y) = (1/\sqrt{4\pi})\exp[-y^2/8]$，使用贝叶斯定理，$\mu$ 的后验密度函数是

$$g(y \mid Z) = [1/\sqrt{(80\pi^2)}]\exp[-y^2/8 - (50-y)^2/200] \Big/ \int_{-\infty}^{+\infty} [1/\sqrt{(80\pi^2)}]\exp[-y^2/8 - (50-y)^2/200]\mathrm{d}y = a\exp[-y^2/8 - (50-y)^2/200],$$ 其中 $a = 1/\int_{-\infty}^{+\infty}\exp[-y^2/8 - (50-y)^2/200]\mathrm{d}y$. 图 6.7.2 显示了 μ 的先验密度函数和后验密度函数.
一个小时内玩家赢得 50 美元的信息使得 μ 的后验密度函数向正方向移动.

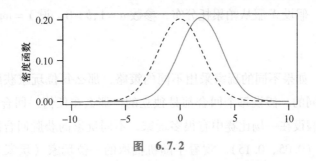

图 6.7.2

图 6.7.2 为例 6.7.2 中玩家每小时长期收益 μ 先验密度函数（虚线）和后验密度函数（实线）。

 习 题

习题 6.1 证明：4.8 节中对离散型随机变量的马尔可夫不等式和切比雪夫不等式同样适用于连续型随机变量.

习题 6.2 假设每个回合持续 2 分钟，设 X 表示直到第一次拿到口袋对子所需的时间（以分钟为单位）. 使用指数分布估计 $P(X \leqslant 20)$，并比较使用几何分布下计算出的准确结果.

习题 6.3 证明：对于任何的连续型随机变量 X，其累积分布函数 $F(x)$ 在

区间 $[0,1]$ 上服从均匀分布.

习题 6.4 假设玩家在一场给定的德州扑克比赛中每小时的收益是独立同分布的,并且服从正态分布,平均值为 10. 收益在 75% 的时间里都是正值. 每小时收益的标准差是多少?

习题 6.5 假设一年内专业扑克玩家团队的扑克收益大致为帕累托分布,设 X 表示从团队中随机抽取出的一位玩家的收益. 如果 $P(X > 50000) = 10\%$, $P(X > 25000) = 80\%$,那么 $P(X > 100000)$ 是多少? b 是多少?

习题 6.6 假设 X 服从帕累托分布,参数 $a = 1, b = 3$. 请计算 X 的平均值和方差.

习题 6.7 假设 X 服从帕累托分布,参数 $a = 1, b > 0$,设 $Y = \log(X)$,那么 Y 服从什么分布?

习题 6.8 如果不同的玩家采用不同的策略,那么每位玩家获胜回合的平均比率应该是不同的. 假设每个回合都是独立的,那么在任何一回合,玩家 i 获胜的概率是 p_i. 假设在一场比赛中有很多玩家,不同玩家的获胜回合的平均比率 p_i 服从均匀分布 $(0.05, 0.15)$. 观看了随机抽取的一位玩家(玩家 1)参与的 70 个回合,发现这个玩家赢了 10 个回合. 只给出这些信息,请写出 p_1 的后验概率密度函数.

习题 6.9 假设 X 和 Y 是相互独立的随机变量,X 服从均匀分布 $(0, 1)$,$P(Y = 1) = 1/3$, $P(Y = 2) = 2/3$. 如果 $Z = XY$,请写出 Z 的概率密度函数、数学期望值和标准差.

习题 6.10 假设 X 和 Y 是独立的均匀分布 $(0, 1)$ 随机变量,设 $Z = \min\{X, Y\}$.

a)写出 Z 的概率密度函数.

b)计算 Z 的数学期望值.

习题 6.11 假设 X 和 Y 是独立的指数分布随机变量,参数为 λ,那么 $\max\{X, Y\}$ 和 $\min\{X, Y\}$ 是什么分布?

习题 6.12　假设 X 和 Y 是独立的随机变量，X 是指数分布，平均值为 $1/2$，而 $P(Y=1)=1/3$，$P(Y=2)=2/3$. 如果 $Z=XY$，请写出 Z 的概率密度函数，数学期望值和标准差.

习题 6.13　一个正态分布 (μ,σ^2) 随机变量 X 的矩量母函数是 $\Phi_X(t)=\exp(\mu t+\sigma^2 t^2/2)$. 根据这个结论证明：$E(X)=\mu,Var(X)=\sigma^2$.

习题 6.14　一个指数分布 (λ^2) 随机变量 X 的矩量母函数是 $\Phi_X(t)=\lambda/(\lambda-t)$. 根据这个结论证明：$E(X)=1/\lambda,Var(X)=1/\lambda^2$.

习题 6.15　回顾一下例 6.3.4 讨论的冯·诺依曼和摩根斯特恩扑克游戏，现在假设玩家 B 可以下注任意非负数量 c 的筹码.

a）确定玩家 A 和玩家 B 的最优策略. （例如，计算 b_2^* 和 a）.

b）用 c 表示玩家 B 的期望收益.

c）证明 b 部分写出的收益函数在 $c=2$ 时最大. 也就是说，如果玩家 B 一定要下注固定数量的筹码，那么玩家 B 最理想的下注筹码数就是底池的筹码数.

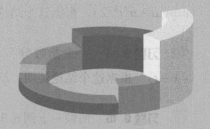

7 随机变量的集合

前面大多数章节都是对一个单独的随机变量以及它的相关概率的讨论. 而在这个章节之中, 我们会讨论随机变量集合的性质. 我们会将概率讨论的重点放在某一特定范围内一组随机变量的总和或平均值方面, 以及一些重要的结论, 如大数定理和中心极限定理.

 ## 7.1　随机变量总和的数学期望和方差

回顾 3.1 节: 如果 $P(AB) = P(A)P(B)$, 那么事件 A 和事件 B 则是相互独立的. 同样地, 如果有关随机变量的事件是相互独立的, 那么我们就说这些随机变量是独立的. 具体来说, 如果对于任意的行子集 A 和 B, $P(X \in A \cap Y \in B) = P(X \in A)P(Y \in B)$, 那么随机变量 X 和 Y 就是相互独立的.

(理论上讲, 上面的陈述并不十分准确. 对于 X 和 Y 的独立性, 上述的关系式并不一定要适用于所有的行子集, 只需要用于可测的行子集. 存在一些非常奇怪的行子集, 如**维塔利几何** R/Q, 从该子集中取值的随机变量的有关概率并没有普遍定义. 这类问题的处理方法需要学习测量理论概率课程.)

事实证明, 即使 X 和 Y 不是独立的, 只要 $E(X)$ 和 $E(Y)$ 是有限的, 仍然会有 $E(X + Y) = E(X) + E(Y)$. 为了证明这个结论, 假设 X 和 Y 是离散型的, 根据概率论的公理 3, 有 $P(X = i) = P\{ \cup_j (X = i \cap Y = j) \} = \sum_j P(X = i \cap Y = j)$, 同样地, $P(Y = j) = \sum_i P(X = i \cap Y = j)$. 所以,

$$
\begin{aligned}
E(X + Y) &= \sum_k P(X + Y = k) \\
&= \sum_i \sum_j (i + j) P(X = i \cap Y = j) \\
&= \sum_i \sum_j i P(X = i \cap Y = j) + \sum_i \sum_j j P(X = i \cap Y = j) \\
&= \sum_i i \left\{ \sum_j P(X = i \cap Y = j) \right\} + \sum_j j \left\{ \sum_i P(X = i \cap Y = j) \right\} \\
&= \sum_i i P(X = i) + \sum_j j P(Y = j) \\
&= E(X) + E(Y)
\end{aligned}
$$

类似的结论同样适用于 X 或 Y 或 X 和 Y 都不是离散型的情况. 利用同样的方法也可以证明这个结论适用于超过两个以上的多个随机变量, 例如, 对于多个随机变量 X_1, X_2, $\cdots$, X_n, 对于每个 i, 只要 $E(X_i)$ 是有限的, 就有

$$E\left(\sum_{i=1}^{n} X_i\right) = \sum_{i=1}^{n} E(X_i)$$

例 7.1.1 某德州扑克比赛一共有 10 位玩家，那么底牌至少有一张是 A 的玩家平均数量是多少？

答案：设如果玩家 i 至少有一张 A，那么 $X_i = 1$，否则 $X_i = 0$。$E(X_i) = P($玩家 i 至少有一张 A$) = P($两张 A$) + P($正好有一张 A$) = (C_4^2 + 4 \times 48)/C_{52}^2 \approx$ 14.93%。$\sum_i X_i = $ 至少有一张 A 的玩家数量，$E\left(\sum_i X_i\right) = \sum_i E(X_i) = 10 \times 0.1493 = $ 1.493。

注意：在例 7.1.1 中，X_i 和 X_j ($i \neq j$) 绝不是相互独立的。如果玩家 1 有一张 A，那么玩家 2 有一张 A 的概率就大大下降了。见例 2.4.9，玩家 1 和玩家 2 都至少有一张 A 的概率大约为 1.74%，所以条件概率 $P($玩家 2 至少有一张 A｜玩家 1 至少有一张 A$) = P($两位玩家都至少有一张 A$)/P($玩家 2 至少有一张 A$) \approx 1.74\%/$ $(1 - C_{48}^2/C_{52}^2) \approx 11.65\%$。然而无条件概率 $P($两位玩家都至少有一张 A$) = 1 - C_{48}^2/$ $C_{52}^2 \approx 14.93\%$。

数学期望的总和等于总和的数学期望值，然而这个结论并不适用于方差和标准差。但是，有一些例外的情况，随机变量 X_i 是独立的，那么就存在

$$Var\left(\sum_{i=1}^{n} X_i\right) = \sum_{i=1}^{n} Var(X_i)。$$

考虑两个随机变量 X 和 Y 的情况：

$$\begin{aligned}
Var(X+Y) &= E[(X+Y)^2] - [E(X)+E(Y)]^2 \\
&= E(X^2) - [E(X)]^2 + E(Y^2) - [E(Y)]^2 + 2E(XY) - 2E(X)E(Y) \\
&= Var(X) + Var(Y) + 2[E(XY) - E(X)E(Y)]。
\end{aligned}$$

现在，我们假设 X 和 Y 是相互独立并且是离散型的，那么

$$\begin{aligned}
E(XY) &= \sum_i \sum_j ijP(X=i \cap Y=j) \\
&= \sum_i \sum_j ijP(X=i)P(Y=j) \\
&= \left[\sum_i iP(X=i)\right]\left[\sum_j jP(Y=j)\right] \\
&= E(X)E(Y)。
\end{aligned}$$

即使 X 和 Y 不是离散型的，相似的结论仍然成立。对于两个以上的随机变量，一般地，如果 X_i 是独立的随机变量，其数学期望值是有限的，那么

$$E(X_1, X_2, \cdots, X_n) = E(X_1)E(X_2) \cdots E(X_n)$$

因此，对于独立的随机变量 X_i，有 $Var\left(\sum_{i=1}^{n} X_i\right) = \sum_{i=1}^{n} Var(X_i)$.

$E(XY) - E(X)E(Y)$ 被称为 X 和 Y 的**协方差**，数学符号是 $Cov(X,Y)$. $Cov(X,Y)/[SD(X)SD(Y)]$ 称为 X 和 Y 的**相关系数**，当相关系数为 0 时，则称随机变量 X 和 Y **不相关**.

例 7.1.2 高筹码扑克第四季的一个回合中，珍妮佛·哈曼的底牌是 10♠7♠，翻牌 10♦7♣K♦后，她选择全押. 丹尼尔·内格里诺的底牌是 K♥ Q♥，他跟注. 底池是 156100 美元. 在这个阶段，哈曼能获胜的概率是 71.31%，内格里诺能获胜的概率是 28.69%，平局的概率是 0. 两位玩家决定"**发两次牌**"，也就是说荷官发出转牌和河牌两次（两次发牌之间不洗牌），每次所占底池 1/2，也就是 78050 美元. 设 X 表示发两次牌后哈曼的筹码数量，Y 表示如果他们决定只发一次牌哈曼的筹码数量. 比较 $E(X)$ 和 $E(Y)$，同时比较 $SD(X)$ 和 $SD(Y)$ 的近似值.（在计算 $SD(X)$ 的近似值时，忽略两次发牌之间的不独立性.）

答案：$E(Y) = 71.31\% \times 156100 = 111314.9$. 如果发两次牌，那么 $X =$ 哈曼拿回的筹码数量 = 第一轮哈曼的盈利 + 第二轮哈曼的盈利，所以 $E(X) = E(X_1) + E(X_2)$，其中 $X_1 =$ 第一轮哈曼的盈利，$X_2 =$ 第二轮哈曼的盈利，所以 $E(X) = 78050 \times 71.31\% + 78050 \times 71.31\% = 111314.9$. 因此，$X$ 和 Y 的数学期望是相等的. $E(Y^2) = 71.31\% \times 156100^2 \approx 17300000000$，所以 $Var(Y) = E(Y^2) - [E(Y)]^2 \approx 17300000000 - 111314.9^2 \approx 5090000000$. 所以 $SD(Y) \approx \sqrt{5090000000} \approx 71400$. $Var(X_1) = E(X_1^2) - [E(X_1)]^2 = 78050^2 \times 71.31\% - (78050 \times 71.31\%)^2 \approx 1250000000$. 忽略两次发牌之间的关联性，$Var(X) \approx Var(X_1) + Var(X_2) \approx 1250000000 + 1250000000 = 25$ 亿，所以 $SD(X) \approx \sqrt{25 亿} = 50000$. 所以，$X$ 和 Y 的平均值是相等的，但是 X 的标准差要小于 Y 的标准差.

对于独立的随机变量，$E(XY) = E(X)E(Y)$（见习题 7.10），故独立的随机变量总是不相关的，但是它的逆命题一般是不成立的，见下面的例题.

例 7.1.3 不相关随机变量是不独立的一个简单例子：假设从一副牌中发两张牌，设 $X =$ 第一张牌的数字（A = 14，K = 13，Q = 12，以此类推），设 $Y = X$ 或 $-X$，Y 的取值主要取决于第二张牌是红色的还是黑色的. 例如，$Y = 14$，当且仅当第一张牌是 A 并且第二张牌是黑色的. 所以计算排列，$P(Y = 14) = (2 \times 26 + 2 \times 25)/(52 \times 51) = 1/26$. 显然，$X$ 和 Y 是不独立的，例如 $P(X = 2 \cap Y = 14) = 0$，然而 $P(X = 2)P(Y = 14) = 1/13 \times 1/26$. 尽管如此，$X$ 和 Y 是不相关的，因为

$E(X)E(Y) = 8 \times 0 = 0$, $E(XY) = (1/26)[(2)(2) + (2)(-2) + (3)(3) + (3)$
$(-3) + \cdots + (14)(14) + (14)(-14)] = 0$.

 7.2 条件期望

在 3.1 节中，我们讨论的条件概率是基于事件 A. 而给定一个离散型随机变量 X，有时需要考虑事件 $\{X = j\}$ 下的条件，这样就需要涉及条件期望的概念.

如果 X 和 Y 是离散型随机变量，那么 $E(Y|X = j) = \sum_k kP(Y = k | X = j)$，条件期望 $E(Y|X) = E(Y|X = j)$. 在这里，我们只讨论离散型的情况，但其实对于连续型 X 和 Y，定义都是类似的，简单来说就是用积分替代总和，用条件概率密度函数来替代条件概率.

注意到 $E[E(Y|X)] = \sum_j E(Y|X = j)P(X = j)$
$$= \sum_j \sum_k k[P(Y = k \cap X = j)/P(X = j)]P(X = j)$$
$$= \sum_j \sum_k kP(Y = k \cap X = j)$$
$$= \sum_k \sum_j kP(Y = k \cap X = j)$$
$$= \sum_j k \sum_k P(Y = k \cap X = j)$$
$$= \sum_k kP(Y = k)$$

因此，$E[E(Y|X)] = E(Y)$.

利用条件期望，可以很容易地证明例 7.1.3 中的两个随机变量是不相关的. 因为在这里例题中对于所有的 X，$E(Y|X)$ 显然都等于 0，$E(XY) = E[E(XY|X)] = E[X E(Y|X)] = E(0) = 0$.

例 7.2.1 假设在德州扑克的一个回合中，设 $X =$ 红色牌的数量，设 $Y =$ 方块的数量.

a) $E(Y)$ 是多少? b) $E(Y|X)$ 是多少? c) $P\{E(Y|X) = 1/2\}$ 是多少?

答案:

a) $E(Y) = 0 \times P(Y = 0) + 1 \times P(Y = 1) + 2 \times P(Y = 2) = 0 + 1 \times 13 \times 39/C_{52}^2 + 2C_{13}^2/C_{52}^2 = 1/2$.

b）很显然，如果 $X=0$，那么 $Y=0$，所以 $E(Y\,|\,X=0)=0$. 如果 $X=1$，那么 Y 等于 0 或 1 的概率相同，所以 $E(Y\,|\,X=1)=1/2$. 当 $X=2$ 时，我们可以根据红色牌的两张组合 C_{26}^2 发生的可能性都相同的这一事实，计算 0，1 或 2 张方块的组合数量. 因此，$P(Y=0\,|\,X=2)=C_{13}^2/C_{26}^2=24\%$，$P(Y=1\,|\,X=2)=13\times13/C_{26}^2=52\%$，$P(Y=2\,|\,X=2)=C_{13}^2/C_{26}^2=24\%$. 所以，$E(Y\,|\,X=2)=0\times(24\%)+1\times(52\%)+2\times(24\%)=1$. 归纳来说，如果 $X=0,E(Y\,|\,X)=0$，如果 $X=1$，$E(Y\,|\,X)=1/2$，如果 $X=2$，$E(Y\,|\,X)=1$.

c）$P\{E(Y\,|\,X)=1/2\}=P(X=1)=26\times26/C_{52}^2\approx50.98\%$.

条件期望 $E(Y\,|\,X)$ 是一种随机变量，新学者有时对于这个概念是很难理解的. $E(Y)$ 和 $E(X)$ 是实数，你并不需要等待看牌才能知道它们的取值. 然而对于 $E(Y\,|\,X)$ 却不是这样，它取决于发到是哪张扑克牌，因此 $E(Y\,|\,X)$ 是一种随机变量. 注意：如果知道了 X，那么也就是知道了 $E(Y\,|\,X)$. 当 X 是一个离散型随机变量，最多可以取有限数目 k 个不同的值，如在例 7.2.1 中所显示的一样，那么 $E(Y\,|\,X)$ 同样最多可以取 k 个不同的值.

例 7.2.2 回顾一下习题 4.1，《哈林顿玩德州扑克》第 1 卷的一个结论，底牌是 AA 的话，"你更希望能进行一对一单挑比赛". 假设你有 AA，在翻牌圈前就进行全押，下注 100 筹码，并假设跟注的玩家是 k 个，每位玩家至少有 100 个筹码. 在这个回合，你能获胜的概率大约为 0.8^k. 设 X 表示你这个回合的收益. 请写出 $E(X\,|\,k)$ 的一般表达式. 当 $k=1$，2，3 时，$E(X\,|\,k)$ 分别是多少？（盲注和平局的概率都可以忽略不计）

答案：这个回合后，你能收获的筹码是 $100k$ 或是 -100，所以 $E(X\,|\,k)=(100k)(0.8^k)+(-100)(1-0.8^k)=100(k+1)0.8^k-100$. 当 $k=1$ 时，$E(X\,|\,k)=60$；当 $k=2$ 时，$E(X\,|\,k)=92$；当 $k=3$ 时，$E(X\,|\,k)=104.8$.

注意到例 7.2.2 中使用的方法并不需要知道 k 的分布. 近似值 P（底牌是 AA 而获胜）$\approx0.8^k$ 是一种简化的近似但是可能是较好的近似函数. 例如，使用网站 www. cardplayer. com 上的扑克概率计算器来考虑这样的一个情况：你的底牌是 A♠A♦，你的假想对手 B，C，D，E 的底牌分别是 10♥10♣，7♠7♦，5♣5♦，A♥J♥. 与对手 B 对抗，你能获胜的概率是 0.7993，而并非 0.8. 与对手 B 和 C 相比，你能获胜的概率是 0.6493，而上述的近似值却是 $0.8^2=0.64$. 与对手 B，C，D 相比，获胜的概率是 0.5366，然而 $0.8^3=0.512$. 与对手 B，C，D，E 相比，获胜的概率是 0.4348，然而 $0.8^4=0.4096$.

♠ 7.3 大数定理和扑克的基本定理

大数定理陈述的是：独立同分布随机变量的样本平均值收敛于数学期望．这个定理是概率理论的最古老最基本的基石．这些定理要追溯到卡尔达诺（Gerolamo Cardano）1525 年《机遇博弈》（英译为 Book on Games of Chance）这一本书以及雅各布·伯努利 1713 年的《猜度术》，这两本书都将有关纸牌和骰子的赌博游戏作为最初的例子．伯努利将大数定理称为他的"黄金定理"，他的大数定理陈述的只是关于伯努利随机变量，对它进行推广和加强，形成了接下来的两个大数定理．

假设 X_1，X_2，…是独立同分布的随机变量，每个变量的数学期望 $\mu < +\infty$，$\sigma^2 < +\infty$，则

定理 7.3.1（弱大数定理） 对于任何的 $\varepsilon > 0$，随着 $n \to +\infty$，$P(|\overline{X}_n - \mu)| > \varepsilon) \to 0$.

定理 7.3.2（强大数定理） 随着 $n \to +\infty$，$P(\overline{X}_n \to \mu) = 1$.

强大数定理表明：对于任何给定的 $\varepsilon > 0$，总存在这样的 N，对于所有 $n > N$，$|\overline{X}_n - \mu| < \varepsilon$. 这是一个比较强的论述，事实上这个结论也包含着弱大数定理．弱大数定理中，$|\overline{X}_n - \mu| > \varepsilon$ 的概率能任意小，但是却不能确保 $|X_n - \mu|$ 不超过 ε. 每个 X_i 具有有限方差这个条件可以弱一点．例如，杜雷特（Durrett）（1990）为 $E(|X_i|) < +\infty$ 情况下的结论提供了证明．

证明：在这里我们只证明弱大数定理．使用切比雪夫不等式，同时我们知道对于独立的随机变量，总和的方差等于方差的总和．

$$P(|\overline{X}_n - \mu| > \varepsilon) = P[(\overline{X}_n - \mu)^2 > \varepsilon^2)]$$
$$\leq E[(\overline{X}_n - \mu)^2]/\varepsilon^2$$
$$= Var(\overline{X}_n)/\varepsilon^2$$
$$= Var(X_1 + X_2 + \cdots + X_n)/(n^2\varepsilon^2)$$
$$= \sigma^2/(n\varepsilon^2) \to 0 \text{（当 } n \to +\infty \text{ 时）}$$

大数定理实际使用中往往会被误用，所以弄清楚它到底意味着什么很重要．

大数定理认为：对于独立同分布的观测值，样本平均值 $\overline{X} = (X_1 + X_2 + \cdots + X_n)/n$ 随着样本数越来越多，会逐渐收敛于总体平均值．如果一位玩家在短期内的好运气或差运气不太稳定，但在长期内，考虑到样本平均值，他的运气最终可

以忽略不计. 例如, 假设你不断重复参与德州扑克比赛, 并计算你的底牌是 AA 的回合数. 如果在 i 回合, 底牌是 AA, 那么设 $X_i = 1$, 否则 $X_i = 0$. 正如 5.1 节中讨论的, 对于这样的伯努利分布随机变量, 样本平均值是底牌是 AA 的回合数占总回合数的比率. $E(X_i) = \mu = C_4^2 / C_{52}^2 = 1/221$, 所以根据强大数定理, 你观测到的 AA 的回合数比率最终 100% 会收敛于 1/221. 现在, 我们假设在前 10 个回合中, 你的底牌都是 AA. 这似乎不太可能, 但是这种可能发生的概率确实存在, 是 $(1/221)^{10}$. 如果你继续参加 999990 个回合, 那么你的底牌是 AA 的样本频率就是 $(10 + Y)/1000000 = 10/1000000 + Y/1000000 = 0.00001 + Y/1000000$, 其中 Y 表示的是在后面的 999990 个回合中拿到 AA 的回合数. 从这个等式中, 我们可以看出最初 10 个回合对于整体样本平均值的影响是微乎其微的.

尽管任何短期内的成功或是失败对于样本平均值的影响最终是微乎其微的, 但是却导致样本总和不会收敛于 0. 对大数定理的一个通常的误解就是认为对于独立同分布的随机变量 X_i, 数学期望是 μ, 那么 $(X_1 - \mu) + (X_2 - \mu) + \cdots + (X_n - \mu)$ 的总和随着 n 趋于正无穷而收敛于 0. 其实这个结论是不正确的. 如果这个结论正确, 那么短期内的差运气 (例如 X_i 取很小的值) 慢慢会被相同数量的好运气 (例如, X_i 取很大的值) 所抵消, 反之亦然. 但是这个结论却与独立性的观念相矛盾. 由于欺诈技术或是因果报应或是未知力量, 短期内的差运气可以使你在未来拥有比本来更好的运气, 这个现象是可能的, 但是这个结论却也表示了观测值并不是相互独立的, 所以这就和大数定理无关.

我们可能会觉得奇怪: 样本平均值的收敛为何并不意味着样本总和的收敛. 我们需要注意的就是 $\sum_{i=1}^{n} (X_i - \mu)/n$ 收敛于 0 并不意味着 $\sum_{i=1}^{n} (X_i - \mu)$ 收敛于 0. 举一个简单的反例, 假设 $\mu = 0$, $X_1 = 1$, 并且对于其它所有的 i 值, $X_i = 0$. 那么对于所有的 n, 样本平均值 $\sum_{i=1}^{n} (X_i - \mu)/n = \dfrac{1}{n}$ 趋于 0, 而样本总和 $\sum_{i=1}^{n} (X_i - \mu) =$

1. 给定短期内的一个差运气, 例如, $\sum_{i=1}^{100} (X_i - \mu) = -50$, 那么 1000000 次的观察后样本平均值的数学期望是

$$E\left[\sum_{i=1}^{1000000} (X_i - \mu)/1000000 \,\middle|\, \sum_{i=1}^{100} (X_i - \mu) = -50\right] = -50/1000000 = -0.00005,$$

总和的平均值是

$$E\left[\sum_{i=1}^{1000000} (X_i - \mu) \,\middle|\, \sum_{i=1}^{100} (X_i - \mu) = -50\right] = -50 + E\left[\sum_{i=51}^{1000000} (X_i - \mu)\right] = -50. \text{ 短}$$

期内的差运气并没有被好运气抵消，它仅仅是当考虑到大数 n 样本平均值的情况可以忽略不计.

如果每个观测值 X_i 表示每个回合、每个场次或是每场锦标赛的一位玩家的收益，那么至少从经济的角度看，玩家更关注的是总和 $\sum X_i$，而不是样本平均值. 好运气和差运气未必能相互抵消这个事实对扑克玩家的影响是不同的，尤其是参与像德州扑克这样的比赛，在这样的比赛中运气的影响是实质性的. 如果 $\mu > 0$，样本平均值 $\bar{X}$ 收敛于 μ，样本总和 $\sum X_i$ 发散到无穷大. 因此，正数的期望收益是一件好事，因为随着玩家玩的回合数越来越多，玩家的长期未来收益能使得任何短期差运气越来越少，而并不是说差运气能被好运气抵消.

一个有关的误解是：因为样本平均值收敛于数学期望 μ，基于该理论以最大化期望收益的玩法就等同于能获取利润. 这个误解被戴维·斯克莱斯克（David Sklansky）写在了他非常有名的有关扑克数学的著作中，他称之为**扑克的基本定理**. 斯克莱斯克和米勒（2006）一书中的第 17 页这样写道：

"每次你的下注行为与如果你看过对手的牌后所应该采取的下注行为不同的话，对手就赢了；每次你的下注行为与如果你看过对手的牌后所应该采取的下注行为一致的话，对手就输了. 反之，每次对手的下注行为与如果他看过你的牌后所应该采取的下注行为不同的话，你就赢了，每次对手的下注行为与如果他看过你的牌后所应该采取的下注行为一致的话，你就输了."

他们从划分扑克玩家下注行为的正确或是错误的角度出发，列举出了很多有关基本定理的例题. **失误（错误）** 指的是每次玩家的下注行为与如果玩家知道对手的牌后本应该采取的下注行为不同.

为了最大化未来期望盈利的目标或是为了最大化在赢家通吃的锦标赛中的获胜概率，最大化你的期望收益作为扑克比赛中一个重要的目标，这个理念在 4.1 节中已经讨论过了. 然而，上述所构建的扑克基本原理是存在反对声音的，在下面的讨论中我们会列出一些理由.

ⅰ）一个原理应该有清晰、准确的数学表达，需要提供严格的证明. 但是，对"扑克的基本原理"的证明却是难以实现的. "每次"你能收益的这个结论是模糊不清的，或者说这个结论并不是证明定理正确的根据、条件. 斯克莱斯克的这个表达可能在很大程度上指的是大数定理，假设扑克回合形成了独立同分布事件的一个无穷序列，那么长期平均值最终就会收敛于数学期望. "每次"的收益指的是样本平均值的长期收敛值，一般很难看出这两者的等价关系.

ⅱ）生命和资金都是有限的，无限注德州扑克的方差是很大的．如果你在生命中参与很多次比赛，即使你扑克的技术很好，在长期内你仍然有可能输钱．如果你的资金有限，即使你扑克的技术很好，你也有可能最终输掉所有的资金．如果你不断增加赌注，这些情况都是有可能发生的．有些人可能会怀疑：大数定理到底是否适用于像德州扑克锦标赛这样的游戏，因为在这样的比赛中，方差是如此之大以至于讨论长期平均值相对于人们有限的生命来说是没有意义的．

ⅲ）大数定理中的独立性假设在实际中可能是无效的．有些时候，在一个回合中损失大量筹码的这个做法可能最终会带来收益，因为你的这种形象会误导你的对手，这样在以后的比赛回合中可能会带给你很大的优势．在扑克比赛中，有一种心理扰乱战术．在一些情况下，某个回合中你的下注行为可能与"如果你看过对手的牌后所应该采取的下注行为"相同而这样的收益并没有使用完全不同的、狡诈的战术所获取的收益多．

ⅳ）这个结论在严格解释上明显不是正确的．斯克莱斯克甚至于在陈述后马上就给出了一个反例．你在庄家的位置上，底牌是 KK，大盲注是 2.5，每个人都弃牌了，你全押，但是你并没有意识到大盲注位置上的人有 AA．斯克莱斯克将其划分为"失误"，尽管这种做法非常正确．总的来说，这种情况下全押的玩家往往比那些不这么做的人赢的更多．

ⅴ）失误的定义是非常主观的．我们并不知道根据对手手中扑克牌所作出的决定是否一定是正确，这是没有理由的．在扑克比赛中有很多未知项，例如将会发到手中的公共牌是什么．对手的策略一般是不知道的，而且非常有随机性，例如使用哈林顿的手表策略（见例 2.1.4）．有人可能会将失误定义为与如果你能知道将要拿到的公共牌，但是作出了与本该做出的下注行为所相反的下注行为．更好的定义则为如果你知道对手的底牌、将要拿到的公共牌以及每个人未来所作出的下注选择后，做出了本不应该做出的下注行为，就被称为失误．在这种情况下，如果你能够不出错，那么**每个回合**你都能赢得收益．但除此之外，并不能保证你的对手在知道你的底牌后一定会按照这种玩法来最大化自己的期望收益．

ⅵ）有些人也怀疑：这个"定理"真的是"基本的"吗？想要知道对手的底牌是不太可能的，既然如此，为何还要提出将知道对手底牌的玩家称之为理想玩家？为何不将重点放在你和对手的整体策略对比上呢？有人可能将理想玩家定义为那些使用扑克最优策略的人（假定并不知道对手的底牌）以及那些在特定情况下通过了解对手的牌、心态、举止和策略而随时调整最优策略的那些人．在更有意义的程度上说，相比于你的对手而言，你离理想玩家的距离更近，你的期望值一般就更大，因此，你的长期盈利也会更大．我的朋友，一位专业的扑克玩家基思·威尔逊指出："将你的对手放入一个特定的回合中而非一系列回合中进行考虑，这不仅说明斯克莱斯克的'基本定理'既不是基本的也不是一个定理，这个说法也是一个非常糟糕的建议."哈林顿和罗伯特在《哈林顿玩德州扑克》第 1 卷中也提出了这个观点，认为即使是最棒的玩家也不会准确知道对手的牌，他们只是简单地将对手放入一系列的回合中考虑，并相应做出下注行为．（事实上，当我和基思·威尔逊讨论这些评论时，他开玩笑说，虽然"扑克的基本定理"既不是基本的也不是定理，但"扑克的"这个部分确实是正确的．）

ⅶ）在特定比赛中的理想策略可能就是概率性的，例如在一些情况下，最理想的做法就是 60% 的时间跟注，40% 的时间加注．见例 2.1.4．这个似乎和基本定理的概念相悖，基本定理将玩家划分为**正确的**或是**失误的**，认为"每个回合"你要尽可能做出正确的抉择．

总的来说，大数定理确保了如果你的结果是像独立同分布的变量那样抽取的，平均值是 μ，那么你的样本平均值收敛到 μ，最大化玩家的期望利益可能是最好的想法，但是如果要将这些转化为有关扑克结果的确实性言论则要小心了．

7.4 中心极限定理

大数定理中，n 个独立同分布的观测值的样本平均值随着 n 趋于无穷大，往往接近于数学期望 μ．接下来可能有人会问：趋近的速度有多快？也就是说，给定 n 个值，样本平均值偏离 μ 有多大的距离？样本平均值偏离 μ 某个特定距离下的概率是多少？更一般地说，样本平均值落在某个范围内的概率是多少？也就是说，样本平均值的分布是怎么样的？

这个问题可以在中心极限定理中找到答案，在概率论和统计学中，该定理是最基本、最实用、最重要的定理之一．中心极限定理认为在一般条件下，独立同分布观测值样本平均值的极限分布总是**正态**分布．

更具体而言，设 $Y_n = \sum\limits_{i=1}^{n} X_i/n - \mu$ 表示的是 n 个观测值的样本平均值与 μ 之

间的差额. 中心极限定理认为, 对于 n, Y_n 近似服从正态分布, 平均值为 0, 标准差是 $\sigma/\sqrt{n}$. 可以直接看出, Y_n 的平均值为 0, 标准差是 $\sigma/\sqrt{n}$. 正如在 7.1 节中假设的一样, X_i 独立同分布, 平均值是 μ, 标准差 σ, 对于这样的独立随机变量, 总和的数学期望等于数学期望的总和, 同样, 总和的方差等于方差的总和. 因此, $E(Y_n) = E\left(\sum_{i=1}^{n} X_i/n - \mu\right) = \sum_{i=1}^{n} E(X_i)/n - \mu = n\mu/n - \mu = 0$, $Var(Y_n) = Var$

$\left(\sum_{i=1}^{n} X_i/n - \mu\right) = \sum_{i=1}^{n} Var(X_i)/n^2 = n\sigma^2/n^2 = \sigma^2/n$, 所以 $SD(Y_n) = \sigma/\sqrt{n}$.

定理 7.4.1 (中心极限定理) 假设 X_i 是独立同分布的随机变量, 平均值是 μ, 标准差 σ. 对于任何实数 c, 随着 n 趋于无穷大, $P[a \leqslant (\bar{X} - \mu)/(\sigma/\sqrt{n}) \leqslant b] \rightarrow$ $(1/\sqrt{(2\pi)}) \int_a^b \exp(-y^2/2) \mathrm{d}y$. 换句话说, $(\bar{X} - \mu)/(\sigma/\sqrt{n})$ 的分布收敛于标准正态分布.

证明: 设 ϕ_X 表示 X_i 的矩量母函数, 设 $Z_n = \left(\sum_{i=1}^{n} X_i/n - \mu\right)/(\sigma/\sqrt{n})$. Z_n 的矩量母函数是

$$\phi_{Z_n}(t) = E[\exp(tZ_n)]$$

$$= E\left\{\exp\left[t\left(\sum_{i=1}^{n} X_i/n - \mu\right)/(\sigma/\sqrt{n})\right]\right\}$$

$$= \exp(-\mu\sqrt{n}/\sigma)E\left\{\exp\left[t\sum_{i=1}^{n} X_i/(\sigma\sqrt{n})\right]\right\} \tag{7.4.1}$$

$$= \exp(-\mu\sqrt{n}/\sigma)E\{\exp[tX_1/(\sigma\sqrt{n})]\}E\{\exp[tX_2/$$

$$(\sigma\sqrt{n})]\}\cdots E\{\exp[tX_n/(\sigma\sqrt{n})]\} \tag{7.4.2}$$

$$= \exp(-\mu\sqrt{n}/\sigma)\{\phi_X[t/(\sigma\sqrt{n})]\}^n.$$

式 (7.4.1) 到式 (7.4.2) 的转化主要是基于这样的事实: X_i 是独立的, 独立随机变量的函数总是不相关的 (见习题 7.12), 因此对于任意的 a, 有 $E[\exp(aX_1 + \cdots + aX_n)] = E[\exp(aX_1)]\cdots E[\exp(aX_n)]$.

因此, $\log[\phi_{Z_n}(t)] = n\log\{\phi_X[t/(\sigma\sqrt{n})]\} - \mu\sqrt{n}/\sigma$. 所以, 通过洛必达法则的重复运用以及以下的事实:

$$\lim_{n \to +\infty} \phi_X\left(\frac{t}{\sigma\sqrt{n}}\right) = \phi_X(0) = 1, \quad \lim_{n \to +\infty} \phi'_X\left(\frac{t}{\sigma\sqrt{n}}\right) = \phi'_X(0) = \mu, \quad \lim_{n \to +\infty} \phi''_X\left(\frac{t}{\sigma\sqrt{n}}\right) =$$

$\phi''_X(0) = E(X_i^2)$, 所以我们得出:

$$\lim_{n \to +\infty} \log[\phi_{Z_n}(t)] = \lim_{n \to +\infty} n\log\{\phi_X[t/(\sigma\sqrt{n})]\} - \mu\sqrt{n}/\sigma$$

$$= \lim_{n \to +\infty} \{\log\phi_X[t/(\sigma\sqrt{n})] - \mu/(\sigma\sqrt{n})\}(1/n)$$

$$= \lim_{n \to +\infty} \{-(1/2)tn^{-3/2}\phi_X'[t/(\sigma\sqrt{n})]/\{\sigma\phi_X[t/(\sigma\sqrt{n})] +$$

$$(1/2)\mu n^{-3/2}/\sigma\}/(-n^{-2})$$

$$= \lim_{n \to +\infty} \{-t/\sigma\phi_X'[t/(\sigma\sqrt{n})]/\phi_X[t/(\sigma\sqrt{n})] + \mu/\sigma\}/(-2n^{-1/2})$$

$$= \lim_{n \to +\infty} \{(1/2)t^2/\sigma^2 n^{-3/2}\phi_X''[t/(\sigma\sqrt{n})]/\phi_X[t/(\sigma\sqrt{n})]$$

$$-(1/2)t^2/\sigma^2 n^{-3/2}\{\phi_X[t/(\sigma\sqrt{n})]\}^{-2}\{\phi_X'[t/(\sigma\sqrt{n})]\}^2\}/n^{3/2}$$

$$= \lim_{n \to +\infty} t^2/(2\sigma^2)\{\phi_X''[t/(\sigma\sqrt{n})]/\phi_X[t/(\sigma\sqrt{n})]\}$$

$$-\{\phi_X[t/(\sigma\sqrt{n})]\}^{-2}\{\phi_X'[t/(\sigma\sqrt{n})]\}^2$$

$$= [t^2/(2\sigma^2)][E(X_i^2) - E^2(X_i)]$$

$$= [t^2/(2\sigma^2)]\sigma^2$$

$$= t^2/2.$$

所以 $\phi_{Z_n}(t) \to \exp(t^2/2)$，这就是标准正态分布的矩量母函数（见习题 6.13）. 既然矩量母函数的收敛意味着 4.7 节中讨论的分布函数收敛，那么该证明就是完整的.

$\sigma/\sqrt{n}$ 用术语称为样本平均值的**标准误差**. 通常来说，标准误差是某个参数的估计值的标准差. 给定 n 个观测值 $X_1, \cdots, X_n$，样本平均值 $\overline{X} = \sum_{i=1}^{n} \dfrac{X_i}{n}$ 是总体平均值或是数学期望的一个自然估计值，这个估计的标准差就是 $\sigma/\sqrt{n}$.

中心极限定理的一个重要性质就是一般性：无论观测值 X_i 是什么分布，样本平均值的分布近似服从**正态**分布. 即使随机变量 X_i 并不是正态分布的，样本平均值仍然近似服从正态分布.

例如，从一个二项式（7, 0.1）分布抽取 X_i. 图 7.4.1 中的每个板面都表示了 $\overline{X}$ 的 1000 个模拟值的相对频率直方图. 当 $n = 1$ 时，分布服从二项式分布（7, 0.1），很显然不是正态分布. 这个二项分布是离散型的，值都是非负的，分布是高度不对称的. 然而，大家可以发现，随着 n 不断增长，样本平均值的分布越来越快地收敛到正态分布. 当 $n = 1000$ 时，正态分布的平均值是 0.7，标准差是 $\sqrt{(7 \times 0.1 \times 0.9/1000)}$，虚线范围下的是其概率密度函数.

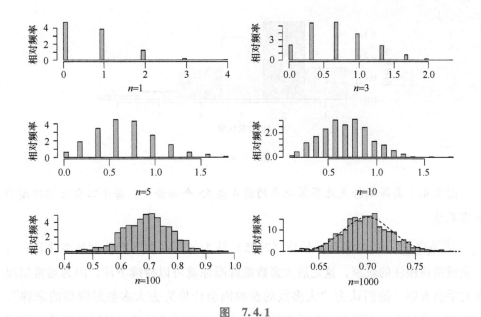

图 7.4.1

图 7.4.1 n 个独立同分布的二项式分布 (7，0.1) 随机变量的样本平均值的相对频率直方图，$n=1，3，5，10，100，1000$.

例 7.4.1 对于高筹码扑克比赛第七季的第 1~4 集中的每集的 55 个回合，在翻牌发出后还没弃牌的玩家的数量的相对频率直方图（数量为 1 表示在翻牌圈之前就获胜了）在图 7.4.2 中显示. 样本平均值是 2.62，样本的标准差是 1.13. 假设 X_i = 在第 i 个回合时翻牌圈还剩下的玩家数量，这些独立同分布的值是从一个总体中抽取的，总体的平均值是 2.62，标准差是 1.13. 设 Y 表示在接下来的 400 个回合中的样本平均值. 使用中心极限定理计算 $Y \geq 2.6765$ 的近似概率.

答案：根据中心极限定理，Y 的分布近似服从正态分布，平均值是 2.62，标准差 $\sigma / \sqrt{n} = 1.13 / \sqrt{400} = 0.0565$. 因此，$P(Y \geq 2.6765)$ 是一个正态分布随机变量在它平均值以上至少一个标准差范围内取值的近似概率. 更明确的是，如果 Z 是一个标准正态分布随机变量，那么 $P(Y \geq 2.6765) = P\{(Y - 2.62)/0.0565 \geq (2.6765 - 2.62)/0.0565\} \approx P\{Z \geq (2.6765 - 2.62)/0.0565\} = P(Z \geq 1)$. 正如在 6.5 部分所提到的，$P(|Z| < 1) = 68.27\%$，根据标准正态分布的对称性，$P(Z \geq 1) = P(Z < -1)$，所以 $P(Z \geq 1) = 1/2 P(|Z| \geq 1) = (1/2)(100\% - 68.27\%) = 15.865\%$.

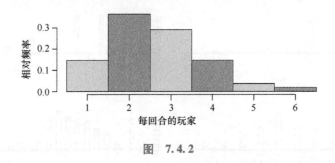

图 7.4.2

图 7.4.2 高筹码扑克比赛第七季的前 4 集 55 个回合中，每个回合在翻牌圈的玩家数量.

例 7.4.2 哈林顿和罗伯特（2005）认为如果在翻牌圈前就加注并且只有一位或两位跟注的玩家，这之后大多数翻牌圈你就可以持续下注，因为通常情况下对手会弃牌，他们认为"大多数的翻牌圈会让你失去大多数好牌型的来牌". 假设翻牌发出后，不能组成顺子或是同花或是两端顺子听牌或是同花听牌（除了后门听牌），也不能使翻牌的点数和底牌相匹配，这样我们就称翻牌圈使你**失去**了来牌. 在例 7.4.1 中提到的回合中，翻牌发出的回合是 47 个回合，在这 47 个回合中，翻牌使得所有玩家失去来牌的回合数是 11.

假设翻牌使得每人失去来牌的概率总是 11/47，而在这之前的回合中发出的来牌都是相互独立的. 设 Y 表示次数的比率，也就是翻牌发出的 100 个回合中，翻牌使得每人失去来牌的比例. 使用中心极限定理计算 $Y > 15.10\%$ 的近似概率.

答案：注意到事件发生的次数比率等于样本平均值. 如果事件不发生，那么观测值就为 0，如果事件发生，那么就为 1，就如伯努利随机变量这样的情况. 按照这个规定假设每个观测值的平均数就是 $11/47 \approx 23.40\%$，标准差是 $\sqrt{(11/47) \times (36/47)} \approx 42.34\%$. Y 表示 100 个观测值的样本平均值，所以根据中心极限定理，Y 近似服从正态分布，平均值是 23.40%，标准差是（42.34%/$\sqrt{100}$）=4.234%. 设 Z 表示标准正态分布随机变量. $P(Y > 15.10\%) = P\{(Y - 23.40\%)/4.234\% > (15.10\% - 23.40\%)/4.234\%\} \approx P(Z > -1.96)$. 在 6.5 节中，我们提到 $P(|Z| < 1.96) = 95\%$，根据标准正态分布的对称性，$P(Z < -1.96) = (1/2)P(|Z| > 1.96) = (1/2) \times (100\% - 95\%) = 2.5\%$，因此，$P(Z > -1.96) = 100\% - 2.5\% = 97.5\%$.

7.5 样本平均值的置信区间

在 7.4 节中，中心极限定理表明：给定 n 个独立同分布的取值，平均值是 μ，标准差是 σ，样本平均值和 μ 的差额的分布随着 n 趋于无穷大而不断收敛于均值为 0 的正态分布. 例 7.4.1 和例 7.4.2 讨论了给定 μ 的情况下，落在某个特定区域内的样本平均值的概率. 在这章，我们会讨论相反的情景，给定样本平均值的观测值（当然更加实际和实用），计算有关 μ 的一个区间. 置信水平 0.95 以上（某个估计区间内包含 μ 的概率是 95%）的置信区间称为 95% 置信区间.

例如，假设要估计在给定的德州扑克比赛中每个回合的期望收益 μ. 假设不同回合的结果是独立同分布的，我们可以发现 n 个回合中，只有有限个样本回合中能获得样本平均值. 现在使用中心极限定理来确定 μ 落在某一个特定区间内的可能性.

假设在 $n=100$ 个回合后，你总共赢了 300 美元. 因此，在这 100 个回合中，每个回合的样本平均收益值是 3 美元. 同样，我们假设每个回合的收益的标准差是 20 美元，在这 100 个回合中的收益是独立同分布的. 使用中心极限定理，$(\overline{X}-\mu)/(\sigma/\sqrt{n})$，在这道例题中也就是 $(3-\mu)/(20/\sqrt{100})=1.50-\mu/2$，服从标准正态分布，因此，这个数值的绝对值小于 1.96 的概率大约为 95%. 当且仅当 $-0.92<\mu<6.92$（也就是说 μ 处于区间（-0.92, 6.92）之内）时，$|1.50-\mu/2|<1.96$. 区间（-0.92, 6.92）称为 μ 的 95% 置信区间. 在这个区间内的值基本上与 100 个回合的观测结果相一致.

一般地，μ 的 95% 置信区间是通过（$\overline{X}-1.96\sigma/\sqrt{n}$, $\overline{X}+1.96\sigma/\sqrt{n}$）确定的. 置信区间定义很难解释清楚. 使用"置信"这个词而非概率，是因为 μ 不是一个随机变量，所以严格来说，μ 落在区间（-0.92, 6.92）的概率是 95% 这种说法是不太正确的. 但是，区间（$\overline{X}-1.96\sigma/\sqrt{n}$, $\overline{X}+1.96\sigma/\sqrt{n}$）本身是随机的，因为它主要取决于样本平均值 $\overline{X}$，这个随机区间有 95% 的概率能包含 μ. 换句话说，如果一个人重复不断观察 100 个样本值，那么对于每个样本，我们可以建立置信区间（$\overline{X}-1.96\sigma\sqrt{n}$, $\overline{X}+1.96\sigma/\sqrt{n}$），置信区间内的 95% 的范围可能包含参数 μ.

至今为止我们都假设标准差 σ 是已知的. σ 表示的是随机变量 X_i 的理论标准差，在大多数情况下，σ 是未知的，要通过数据进行估计. 在很多情况下，样本的标准差快速收敛到 σ，所以我们往往简单地用样本平均值公式 $s=$

$\sqrt{\left[\,\sum(X_i-\overline{X})^2/(n-1)\,\right]}$ 来代替 σ. 但是，如果 n 很小，样本平均值偏离 σ 的距离可能很大，$(\overline{X}-\mu)/(s/\sqrt{n})$ 的分布服从 t_{n-1} 分布，这个分布和正态分布有点不同，当 n 足够大时，该分布就和正态分布非常近似. 作为一个经验法则，一些课本中指出，当 $n>30$，这两个分布就十分接近，即使 σ 未知，仍然可以使用这个近似正态分布.

例 7.5.1 汤姆·德万（Tom Dwan），在线网名是 Durrrr，发起了一场很著名的"Durrrr 挑战"比赛，奖励 1500000 美元给任何一个（除了菲尔·甘福德）能在高筹码单挑德州扑克或奥马哈扑克比赛中打败他的人，然而如果 50000 个回合后德万占据领先地位，那么对手要付给德万 500000 美元（50000 个回合的收益也可以保留）. 德万和帕特里克·安东尼奥斯（Patrik Antonius）的前 39000 回合对决的结果在图 7.5.1 中被记录了. 这些结果能否说明德万是更好的玩家呢？

图 **7.5.1**

图 7.5.1 德万和安东尼奥斯在 Durrrr 挑战的前 39000 个回合的结果，这些结果是从网站 http：//www. fulltiltpoker. com/poker-from-the-rail/wp-content/uploads/2010/08/durrrrChallenge. png 上获得的.

答案：因为玩家收益的总和是最直接最实际的利益，所以许多扑克玩家和作者用图表绘制特定时间段内的总收益额，尽管在更多的情况下是从平均收益的绘图中收集到的信息. 在这 39000 个回合中，德万的收益大约是 2000000 美元，或者说每个回合近似是 51 美元. 根据绘制的图表，这些回合的样本标准差近似为 10000 美元，假设不同回合的结果都是独立同分布的，对于每个回合德万的长期收益，近似 95% 置信区间就是 $51\pm1.96\,(10000)/\sqrt{39000}\approx51\pm99$，或是区间

（-48，150）. 换句话说，尽管结果对于德万来说是有利的，但是仍然没有足够的数据表明德万的长期平均收益是正数；相对于安东尼奥斯，德万的长期平均收益也有很大的可能会是 0 或是负数.

图 7.5.2 表示的是平均值是 51 美元，标准差是 10000 美元的正态分布中独立同分布的抽样值的一个模拟. 在 40000 个模拟回合后，我们可以看到一个上升的趋势，但是总收益的图表上仍然显示有很大的变化幅度. 即使是经过 300000 个模拟回合后，总收益的图表从直线上仍然显示出很大的偏差. 然而，样本平均值的图表却在大约 200000 个回合后显示出了非常明显的信号：收敛于正值. 根据强大数定理，如果模拟无限期地进行，那么样本平均值就会收敛到 51. 对样本平均值进行绘图比对总收益绘图更具指导性.

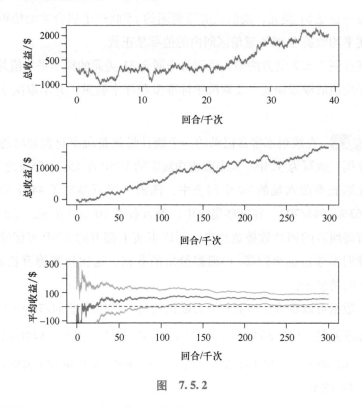

图 7.5.2

图 7.5.2 从平均值是 51 美元，标准差是 10000 美元的正态分布中独立地抽取的数值的总和与平均值. 最上面的图板显示了最开始的 40000 个抽样回合的收益总和. 第二个图板显示了 300000 个回合的收益总和. 底部图板显示了 300000 个抽样下的平均值（黑线表示）和平均值（灰色线条）下的 95% 置信区间.

95%置信区间 $(\overline{X} - 1.96\sigma/\sqrt{n}, \overline{X} + 1.96\sigma/\sqrt{n})$ 简写为 $\overline{X} \pm 1.96\sigma/\sqrt{n}$, 数值 $1.96\sigma/\sqrt{n}$ 一般称为**极限误差**.

例7.5.2 正如例7.5.1的方法, 假设相比于安东尼奥斯, 在给定的一个回合中, 德万收益的标准差是10000美元, 不同回合的结果是独立同分布的. a) 为了使得每个回合德万的平均收益的极限误差是10美元, 那么观测的样本需要多大? b) 如果极限误差是51美元呢?

答案: a) 我们要计算的 n 要使得 $1.96(10000)/\sqrt{n} = 10$, 由此 $\sqrt{n} = 1960$, $n = 3841600$.

b) 如果 $1.96 (10000)/\sqrt{n} = 51$, 那么 $n = 147697$. 因此, 假设德万每个回合的平均收益一直是51美元, 我们就需要观测约150000个回合才能使得德万每个回合的真实平均收益在95%置信区间内的值都是正数.

注意到在例7.5.2的方法中, 德万每个回合51美元的样本平均值并没有使用到. 样本平均值的极限误差主要取决于标准差和样本数量, 并不取决于样本平均值本身.

例7.5.3 在线玩家常常记录的一个统计量就是玩家自发地将筹码放入底池的回合比例, 也写为VPIP. 大多数成功玩家的VPIP在15%～25%之间. 但是, 高筹码扑克第五季前六集的70个回合中, 汤姆·德万参与了44个回合, 他的VPIP约为63%(44/70), 在这些集数中, 德万收益700000美元. (由于高筹码扑克并没有将所有的回合数播放出来, 所以事实上德万的VPIP可能非常低, 但这道题中我们不考虑这个问题.) 根据给出的数据, 这次比赛德万长期VPIP的95%置信区间是多少?

答案: 数据可以看成是伯努利分布随机变量, 平均值是 $44/70 \approx 62.86\%$, 这个变量的标准差是 $\sqrt{(62.86\%) \times (37.14\%)} = 48.32\%$. 因此, VPIP的95%置信区间就是 $\{62.86\% - 1.96(48.32\%)/\sqrt{70}, 62.86\% + 1.96(48.32\%)/\sqrt{70}\} = (51.54\%, 74.18\%)$.

例7.5.3中, 观测值 X_i 是伯努利分布随机变量, 如果德万加入底池, 那么变量是1, 否则的话就是0. 对于伯努利分布 (p) 随机变量, 如果 p 接近于0或是1, 样本平均值收敛到正态分布的速度会非常慢. 一个经常被提出的关于伯努利分布 (p) 随机变量的经验法则就是如果 np 和 $nq(q = 1 - p)$ 都大于等于10, 那么样本平均值近似于正态分布.

7.6　随机游走

前几节讨论的问题都是有关估计某个区域内样本平均值的概率或是找出可能包含 μ 的区间. 而这章我们要讨论的是直到玩家筹码资金到达 0 所经历的时间的分布、在一定的回合后玩家的筹码仍然是正数的概率以及相关的数量分析. 很容易看出这些问题既是有关锦标赛比赛的, 在这些比赛中, 玩家的目标就是尽可能长时间保证筹码为正数; 又是有关现金游戏比赛中的一样, 玩家的持续偿付能力和长期平均收益一样重要. 这些主题并不是对随机变量 X_1, X_2, $\cdots$, X_n 的描述 (这些随机变量表示的是在回合 1, 2, $\cdots$, n 后的玩家筹码或是资金的变化), 而是对总和 $S_k = \sum_{i=1}^{k} X_i$ ($k = 1$, 2, $\cdots$, n) 的描述, 称为随机游走. 有关随机游走的理论结果是概率理论中最重要的结果.

首先, 我们需要一些符号和术语. 这里的处理方法与费勒 (1967) 和达雷特 (2010) 用的方法非常相似. 给定独立同分布的随机变量 X_i, 设 $S_k = \sum_{i=1}^{k} X_i$ ($k = 0$, 1, 2, $\cdots$, n). 部分总和的组合 $\{S_k: k = 0, 1, 2, \cdots\}$ 称为**随机游走**, 平面顶点连成线条的组合 (k, S_k), ($k = 0$, 1, 2, $\cdots n$) 称为**路径**. 一个简单的随机游走就是 $X_i = 1$ 或 $-1 (i > 0)$, 每个结果的概率是 $1/2$. 一个简单随机游走的路径的假设例子在图 7.6.1 中进行了阐明. 在这个例题中, $X_0 = 0$, 但是注意: 并不是所有简单随机游走都需要假定 $X_0 = 0$.

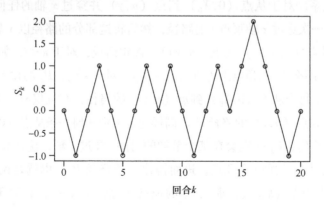

图　7.6.1

图 7.6.1 一个简单随机游走的样本路径, 从 $X_0 = 0$ 开始.

我们最开始需要注意的就是在真实的德州扑克比赛中随机游走理论的应用是一种延展式的运用. 例如, 在典型的锦标赛中, 盲注随着时间的推移而增长, 所以结果就不是独立同分布的. 更重要的是, 不同回合的收益和损失并不是相等的, 尤其是在无限注德州扑克比赛中, 在遭遇大型对抗之前, 玩家的盈利和损失往往都是很小的. 有关随机游走的一些结果更多的是有关单挑极限扑克赛的. 读者可以思考一些随机游走理论的延伸, 设定一些更复杂、更适合德州扑克应用的情景. 陈和安肯曼 (2006) 在他们的书中已经讨论了一些这样的情景. 但是, 计算有关复杂随机游走的概率是有难度的. 陈和安肯曼的书的第 22 章中, 两位作者将**破产风险函数** $R(b)$ 定义为损失全部资金 b 的概率, 并计算了一些情景下的 $R(b)$, 如假设每个步骤的结构服从正态分布或是其他分布的情景. 但是他们的计算结果主要取决于他们的假设 $R(a+b) = R(a)R(b)$, 而这个结果在他们的例子中却不成立. 例如, 如果每个步骤的结果均是正态分布的, 平均值和方差为 1, 那么使用他们书中第 290 页的公式, 陈和安肯曼 (2006) 得出 $R(1) = \exp(-2) \approx 13.53\%$, 但是通过模拟试验, 有人发现起始资金是 1 而最终小于等于 0 的概率大约是 4.15%.

定理 7.6.1 (反射原理) 对于简单随机游走, 如果 X_0, n 和 y 是正整数, 那么从点 $(0, X_0)$ 到点 (n, y) 并穿过 x 轴的路径的数量等于从点 $(0, -X_0)$ 到点 (n, y) 的路径的数量.

证明: 反射原理可以通过路径的两个组合之间存在一一对应的关系进行证明, 因为有对应关系, 所以路径的数量就一定是相等的. 图 7.6.2 中阐明了这种一一对应的关系. 对于从点 $(0, X_0)$ 到点 (n, y) 并穿过 x 轴的任何路径 P_1, 我们可以找到**第一次**穿过 x 轴顶点 j 的路径, 然后将这部分的路径以 x 轴为对称轴得到路径 P_2 (从点 $(0, -X_0)$ 到点 (n, y)). 换句话说, 对于 $k \leq j$, 如果 P_1 的顶点为点 (k, S_k), 那么 P_2 的顶点则为点 $(k, -S_k)$; 对于 $k > j$, P_2 的顶点和 P_1 的顶点一致. 因此对于每个从点 $(0, X_0)$ 到点 (n, y) 的路径, 有且仅有一条相对应的从点 $(0, -X_0)$ 到点 (n, y) 的路径 P_2. 同样地, 给定任何一条从点 $(0, -X_0)$ 到点 (n, y) 的路径 P_2, P_2 一定会在某个最初的时间 j 穿过 x 轴, 这样我们就可以以 x 轴为对称轴映射 P_2 的前 j 个顶点, 进而构建一条路径 P_1, 也就是说, 对于 $k \leq j$, 如果 P_2 的顶点为点 (k, S_k), 那么 P_1 的顶点则为点 $(k, -S_k)$; 对于 $k > j$, P_1 的顶点和 P_2 的顶点一致.

定理 7.6.2 (票选定理) 玩家 A 和 B 参加单挑德州扑克比赛, 在 $n = a + b$ 个回合中, 假设玩家 A 赢了 a 个回合, 玩家 B 赢了 b 个回合, 其中 $a > b$. 假设这些

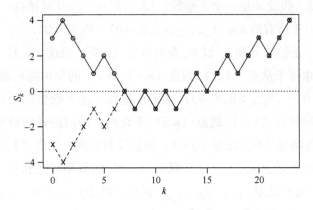

图 7.6.2 反射原理的图解

回合以随机的顺序重新在电视上播放（从第一个回合结束后开始转播），那么通过电视转播玩家 A 赢得的回合数多于玩家 B 的概率就是 $(a-b)/n$.

证明：将 n 个回合的可能排列与顶点为 (k,S_k) 的路径联系起来考虑. $S_k = \sum_{i=0}^{k} X_i$，$X_0 = 0$. 对于 $i=1$，$\cdots$，n，如果玩家 A 获胜，那么 $X_i = 1$；如果玩家 B 获胜，那么 $X_i = -1$. 设 $x = a - b$，n 个回合的不同排列数量等于从点 $(0,0)$ 到点 (n,x) 的路径的数量. 不同排列的情况数是 C_n^a，每种排列出现的可能性都是相同的.

为了保证电视转播下的玩家 A 赢得的回合数多于玩家 B，玩家 A 一定要赢得第一个回合. 因为，设 $x = a - b$，可以发现 n 个回合数中玩家 A 赢的回合多于玩家 B 的可能排列数就等于从点 $(1,1)$ 到点 (n,x) 的不碰触 x 轴的路径数量. 从点 $(1,1)$ 到点 (n,x) 的路径一共有 C_{n-1}^{a-1} 条，根据反射原理，碰到 x 轴的路径数量等于从点 $(1,-1)$ 到点 (n,x) 的所有路径的数量，也就是 C_{n-1}^a. 因此，没有碰到 x 轴的从点 $(1,1)$ 到点 (n,x) 的路径数量就是 $C_{n-1}^{a-1} - C_{n-1}^a = (n-1)! / [(a-1)!(n-a)!] - (n-1)! / [a!(n-a-1)!] = (n-1)! / [a!(n-a)!] [a-(n-a)]$. 因此，电视转播中玩家 A 赢的回合数多于玩家 B 的回合数的值概率就是 $\{(n-1)! / [a!(n-a)!]\}[a-(n-a)]/C_n^a = (a-b)/n$.

定理 7.6.2 通常称为**票选定理**，如果 2 位候选人参与竞选，在投票中，候选人 A 赢得了 a 票，候选人 B 赢得了 b 票，其中 $a>b$，如果按照完全随机的顺序来数投票数，那么通过清点票数，候选人 A 领先的概率是 $(a-b)/(a+b)$.

接下来讨论的定理表明了一个简单随机游走的前 n 步都不等于 0 的概率等于在 n 步的时候为 0 的概率，n 为任意整数.

定理 7.6.3 假设 n 是一个正整数，$\{S_k\}$ 是从 $S_0 = 0$ 开始的一个简单随机游走. 那么 P（对于所有的 $k \in \{1, 2, \cdots, n\}, S_k \neq 0$）$= P(S_n = 0)$.

证明： 对于正整数 n 和 j，设 Q_{nj} 表示从点 $(0,0)$ 到点 (n, j) 的简单随机游走的概率，Q_{nj} 也等于从点 $(1,1)$ 到点 $(n+1, j+1)$ 的简单随机游走的概率. 现在考虑 $P(S_1 > 0, \cdots, S_{n-1} > 0, S_n = j)$，$j$ 为正整数，这个概率就是从点 $(0,0)$ 到点 $(1,1)$，然后从点 $(1,1)$ 到点 (n, j) 不碰到 x 轴的路径的概率. 如果 $j > n$，那么这个概率很明显是 0，而对于 $j \leq n$，根据反射定理，从点 $(1,1)$ 到点 (n, j) 不碰到 x 轴的概率等于从点 $(1,1)$ 到点 (n, j) 的概率减去从点 $(1, -1)$ 到点 (n, j) 的概率，也就是 $Q_{n-1 \, j-1} - Q_{n-1 \, j+1}$. 因此，对于 $j = 2, 4, 6, \cdots, n, P(S_1 > 0, \cdots, S_{n-1} > 0, S_n = j) = (1/2)(Q_{n-1 \, j-1} - Q_{n-1 \, j+1})$.

根据对称性，

$$
\begin{aligned}
P \text{（对于所有的 } k \in \{1, 2, \cdots, n\}, S_k \neq 0） &= P(S_1 > 0, \cdots, S_n > 0) + P(S_1 < 0, \cdots, S_n < 0) \\
&= 2P(S_1 > 0, \cdots, S_n > 0) \\
&= 2 \sum_{j=2,4,6,\cdots,n} P(S_1 > 0, \cdots, S_{n-1} > 0, S_n = j) \\
&= \sum_{j=2,4,6,\cdots,n} (Q_{n-1 \, j-1} - Q_{n-1 \, j+1}) \\
&= (Q_{n-1,1} - Q_{n-1,3}) + (Q_{n-1,3} - Q_{n-1,5}) + \\
&\quad (Q_{n-1,5} - Q_{n-1,7}) + \cdots + (Q_{n-1, \, n-1} - Q_{n-1, n+1}) \\
&= Q_{n-1,1} - Q_{n-1, n+1} \\
&= Q_{n-1,1}
\end{aligned}
$$

$Q_{n-1, n+1} = 0$，因为一个简单随机游走从点 $(0,0)$ 到点 $(n-1, n+1)$ 是不可能的.

对于一个从 $S_0 = 0$ 开始的标准随机游走，根据对称性，$P(S_{n-1} = 1) = P(S_{n-1} = -1)$. 因此，

$$
\begin{aligned}
P(S_n = 0) &= P(S_{n-1} = 1 \cap S_n = 0) + P(S_{n-1} = -1 \cap S_n = 0) \\
&= P(S_{n-1} = 1 \cap X_n = -1) + P(S_{n-1} = -1 \cap X_n = 1) \\
&= (1/2)P(S_{n-1} = 1) + (1/2)P(S_{n-1} = -1) = P(S_{n-1} = 1) = Q_{n-1,1} \\
&= P\text{（对于所有的 } k \in \{1, 2, \cdots, n\}, S_k \neq 0）
\end{aligned}
$$

定理 7.6.3 表示，对于一个简单的随机游走，对于任何正整数 n，前 n 步都不等于 0 的概率非常容易计算. 的确，对于这样的 n，$P(S_n = 0)$ 是 $C_n^{\frac{n}{2}}/2^n$，使用斯特林公式和一些微积分，这个结果近似等于 $1/\sqrt{(\pi n/2)}$. 因此，如果 T 表示简单随机变量第一次碰到零的时间点，那么 $P(T > n) \approx 1/\sqrt{(\pi n/2)}$.

定理 7.6.4（反正弦定理） 以 $S_0 = 0$ 开始的一个简单随机游走，设 L_n 表示前 n 时间之内最后一次的 $S_k = 0$，也就是说 $L_n = \max \{k \leqslant n : S_k = 0\}$. 对于区间 $[0,1]$ 内的任一区间 $[a,b]$，随着 n 趋于无穷大，$P(L_{2n}/2n \in [a,b]) \to 2/\pi [\arcsin(\sqrt{b}) - \arcsin(\sqrt{a})]$.

证明： 假设 $0 \leqslant j \leqslant n$. 注意到当且仅当 $S_{2j} = 0$，才有 $L_{2n} = 2j$，那么对于 $2j < k \leqslant 2n$，有 $S_k \neq 0$. 我们考虑从时间 $2j$ 开始的一个简单随机游走. 因此，根据定理 7.6.3，$P(L_{2n} = 2j) = P(S_{2j} = 0)P(S_{2n-2j} = 0)$. 由于 $P(S_{2j} = 0) \approx 1/\sqrt{(\pi j)}$，就有 $P(L_{2n} = 2j) \approx (1/\sqrt{(\pi j)})1/\sqrt{\{\pi (n-j)\}} = 1/\{\pi \sqrt{j(n-j)}\}$，因此，如果 j/n 趋于 x，那么 $nP(L_{2n} = 2j) \to 1/[\pi \sqrt{x(1-x)}]$. 所以，令 $y = \sqrt{x}$，$P(L_{2n}/2n \in [a,b]) = \sum\limits_{j : a \leqslant j/n \leqslant b}$

$P(L_{2n} = 2j) \to \int_a^b 1/[\pi \sqrt{x(1-x)}]\mathrm{d}x = 2/\pi \int_{\sqrt{a}}^{\sqrt{b}} 1/\sqrt{(1-y^2)}\, \mathrm{d}y$. 又由于 $\int_{\sqrt{a}}^{\sqrt{b}} 1/\sqrt{(1-y^2)}$

$\mathrm{d}y = \arcsin(\sqrt{b}) - \arcsin(\sqrt{a})$，由此就证明了上述定理.

注意到，如果 $a = 0$，那么 $\arcsin(\sqrt{a}) = 0$，如果 $b = 1/2$，那么 $(2/\pi) \arcsin(\sqrt{b}) = 1/2$. 因此，对于一个简单随机游走，在最后半部分观测值内最后一次碰到 0 的概率就是 50%. 也就是说在最后半部分观测值内，简单随机游走在其他 50% 的次数内是不会碰到 0 的. 引用达雷特（2010）的话："从赌博的角度看，如果两人一年内每天下注 1 美元来掷骰子，那么其中一人从 1 月 1 日到年末的时段里领先的概率就是 1/2. 这个事件肯定会引起另外一人的不满，抱怨自己的差运气."

正如在定理 7.6.1 中提示的，从简单随机游走转而推断包含**漂移项**的随机游走时必须格外小心，包含漂移项的随机游走的每步之中，$E(X_i)$ 可能不等于 0. 有关包含漂移项的随机游走的一个重要结论就是：在每步 i 之中，玩家都需要下注所有赌本 S_{i-1} 的一个固定比例 a 的赌注. 定理 7.6.5 就是凯利（Kelly）（1956）更一般的公式的一个特殊情况，它假设玩家的池底赔率是 $b:1$，也就是说，如果她输了，那么她就失去了 aS_{i-1} 的筹码，如果她赢了，就获得了 $b(aS_{i-1})$ 的筹码，由此她的最优下注比例 a 就等于 $(bp - q)/b$. 为了简便起见，定理 7.6.5 中我们假设 $b = 1$.

定理 7.6.5（凯利标准） 假设 $S_0 = c > 0$，对于所有 1，2，$\cdots$，$X_i = aS_{i-1}$ 的概率是 p，$X_i = -aS_{i-1}$ 的概率是 $q = 1-p$，其中 $p > q$，玩家每走一步都会选择赌本比例 a 的筹码进行下注，$0 \leqslant a \leqslant 1$. 那么随着 n 趋于正无穷，长期的获胜率 $(S_n - S_0)/n$ 在 $a = p - q$ 时最大.

证明：接下来的证明是启发式的，更加缜密的解题方法请参阅布莱曼（Breiman）（1961）. 每一轮中，玩家下注的筹码总是其赌本的 a 倍，那么这一轮结束后玩家的筹码就是 $d(1+a)$ 或是 $d(1-a)$. 在 n 轮结束后，玩家赢了 k 轮，输了 $n-k$ 轮，所以玩家在 n 轮结束后的筹码就是 $c(1+a)^k(1-a)^{n-k}$. 为了找到 a 值以最大化该函数式，对 a 求导使得式子等于 0，由此得到：

$$0 = ck(1+a)^{k-1}(1-a)^{n-k} + c(1+a)^k(-1)(n-k)(1-a)^{n-k-1}$$

$$ck(1+a)^{k-1}(1-a)^{n-k} = c(1+a)^k(n-k)(1-a)^{n-k-1}$$

$$k(1-a) = (1+a)(n-k)$$

$$k - ak = n - k + an - ak$$

$$2k = n + an$$

$$a = (2k-n)/n = 2k/n - 1$$

根据强大数定理，k/n 最终会无限趋于 p，由此长期最优值在 $a = 2p - 1 = p - (1-p) = p - q$ 时取得.

注意到 a 的最优选择并不取决于开始赌本 c. 定理 7.6.5 表明了，每次下注的赌本最优比例是 $p-q$. 例如，如果玩家每轮获胜的概率是 $p = 70\%$，失败的概率是 30%，那么为了最大化长期收益，最优下注策略就是每轮下注筹码的 70% – 30% = 40%. 但是在实际中，玩家往往不能下注不是整数的筹码，所以在真实的锦标赛或是现金比赛中，定理 7.6.5 的应用往往是存在问题的，尤其是当 k 非常小的时候. 对于凯利标准的进一步讨论以及它在赌博、证券管理和其他方面的应用，请参阅索普（Thorp）（1966）和索普与卡索夫（Kassouf）（1967）.

前面的例子都是有关扑克锦标赛某一特定时间段里的残存概率. 现在我们将目光转向有关扑克锦标赛的单挑部分的获胜概率.

定理 7.6.6 假设在锦标赛的单挑比赛中，赛场上一共有 n 个筹码，而你的筹码数则是 k，k 是一个整数，$0 < k < n$. 只有你和对手其中一人拥有所有筹码后，比赛才结束. 为了简便起见，假设在每个回合中，你要么输 1 个筹码要么赢 1 个筹码，输或赢的概率都是 1/2. 每个回合的结果都是独立同分布的. 那么在这次锦标赛中你能获胜的概率就是 k/n.

证明：定理 7.6.6 可以根据归纳法证明. 设 P_k 表示最终你能得到 n 个筹码的概率，你目前的筹码数是 k. 首先要注意，当 $k = 0$ 或 1 时，很显然 $P_k = kP_1$. 根据归纳法的步骤，假设对于 $i = 1, 2, \cdots, j$，都有 $P_i = iP_1$. 我们会证明，如果 $j < n$，那么 $P_{j+1} = (j+1)P_1$，因此，$P_k = kP_1$（$k = 0, 1, \cdots, n$）.

如果你有 j 个筹码，j 在 1 和 $n-1$ 之间，那么在下个回合后你有 $j+1$ 个筹码的概率是 1/2，有 $j-1$ 个筹码的概率是 1/2. 其实，从刚开始有 j 个筹码到最后有 n 个筹码的概率和刚开始是 $j+1$ 或是 $j-1$ 个筹码到最后 n 个筹码的概率都是一样的. 所以，$P_j = (1/2)P_{j+1} + (1/2)P_{j-1}$，根据假设 $P_j = jP_1$，$P_{j-1} = (j-1)P_1$，将这些代入式子得到 $jP_1 = (1/2)P_{j+1} + (1/2)(j-1)P_1$，由此 $P_{j+1} = 2jP_1 - (j-1)P_1 = (j+1)P_1$.

注意到 $P_n = 1$，所以 $nP_1 = 1$，由此 $P_1 = 1/n$，证明是完整的.

定理 7.6.7 正如在定理 7.6.6 中假设的，在锦标赛的单挑赛中，一共有 m 个筹码，你的筹码是 k 个，现在 $m = 2^n k$，k 和 n 是整数. 假设每个回合中，你手中的筹码要么多一倍要么输了所有的筹码，概率都是 1/2. 每个回合的结果都是相互独立的. 那么就如在定理 7.6.5 中一样，你在锦标赛中获胜的概率是 k/m.

证明： 该定理同样可以根据定理 7.6.6 中使用的证明方法进行证明. 首先注意到，当 $l = 2^0$，有 $P_{lk} = lP_k$. 假设对于 $i = 2^0, 2^1, 2^2, \cdots, 2^j$，有 $P_{ik} = iP_k$. 因此 $P_{2^j k} = 2^j P_k$，由于 $P_{2^j k} = \frac{1}{2}P_{2^{j+1}k} + \frac{1}{2} \times 0$，由此得出 $P_{2^{j+1}k} = 2P_{2^j k} = 2^{j+1}P_k$. 所以，根据归纳法，对于 $i = 2^0, 2^1, \cdots, 2^n$，$P_{ik} = iP_k$. 尤其，$1 = P_{2^n k} = 2^n P_k$，因此，$P_k = 2^{-n} = k/m$.

接下来的一个定理涉及的情况并不是假设每位玩家赢或是输的概率都是 1/2，而是在比赛中使得其中一位玩家赢得筹码的概率较高.

定理 7.6.8 正如在定理 7.6.6 中假设的：在锦标赛的单挑赛中，共有 n 个筹码，你的筹码是 k，k 是整数且 $0 < k < n$. 只有你和对手其中一人拥有所有筹码后，比赛才结束. 假设在每个回合中，你从对手那里赢得 1 个筹码的概率是 p，对手从你那里赢得 1 个筹码的概率是 $q = 1 - p$，其中 $0 < p < 1$ 并且 $p \neq 1/2$. 假设各个回合的结果是独立同分布的. 那么你能赢得锦标赛的概率就是 $(1 - r^k)/(1 - r^n)$，其中 $r = q/p$.

证明： 该证明按照罗斯（2009）使用的方法. 正如前两个定理的证明方法，设 P_k 表示你最终拿到 n 个筹码的概率，给定的信息是你现在有 k 个筹码. 如果 $1 \leq k \leq n-1$，在第一个回合后，你将会有 $k+1$（概率是 p）或是 $k-1$（概率是 q）个筹码. 因此，对于 $1 \leq k \leq n-1$，有 $P_k = pP_{k+1} + qP_{k-1}$. 由于 $p + q = 1$，将其代入式子得：$(p+q)P_k = pP_{k+1} + qP_{k-1}$，由此 $pP_{k+1} - pP_k = qP_k - qP_{k-1}$，也就是 $p(P_{k+1} - P_k) = q(P_k - P_{k-1})$. 设 $r = q/p$，那么我们就得到：

$$P_{k+1} - P_k = r(P_k - P_{k-1}), 1 \leq k \leq n-1. \tag{7.6.1}$$

很显然，$P_0 = 0$，所以当 $k = 1$，式（7.6.1）就是 $P_2 - P_1 = rP_1$. 当 $k = 2$，式（7.6.1）就是 $P_3 - P_2 = r(P_2 - P_1) = r^2 P_1$，由此，得出

$$P_{j+1} - P_j = r^j P_1, j = 1, 2, \cdots, n-1. \tag{7.6.2}$$

从 $j=1$，2，$\cdots$，$k-1$，对式（7.6.2）两边不断求和，得到 $P_k - P_1 = P_1(r + r^2 + \cdots + r^{k-1})$，所以 $P_k = P_1(1 + r + r^2 + \cdots + r^{k-1})$，因此

$$P_k = P_1(1-r^k)/(1-r), k = 1, 2, \cdots, n. \tag{7.6.3}$$

当 $k=n$，代入式（7.6.3），并根据 $P_n = 1$，得出 $1 = P_1(1-r^n)/(1-r)$，所以

$$P_1 = (1-r)/(1-r^n). \tag{7.6.4}$$

将式（7.6.3）和式（7.6.4）联立，于是就得到 $P_k = (1-r^k)/(1-r^n)$.

 习 题

习题 7.1 在 10 人德州扑克比赛桌上，底牌至少有一张黑桃的玩家的期望人数是多少？

习题 7.2 假设你手中有两张牌，设 X = 手中有人头牌的张数，Y = 手中有 K 的张数，请计算 $E(Y)$，$E(Y \mid X)$，$P\{E(Y \mid X) = 2/3\}$.

习题 7.3 有时，我们将 AK 与 QQ 之间的对抗有时称为扑克玩家之间的**抛硬币**，即使底牌是 QQ 的玩家的获胜概率有 56%（取决于花色）。为了简便起见，假设在一个赢家通吃的锦标赛中，参赛者一共 256 位，每位玩家参赛费为 1000 美元，这是一场快速翻倍赛。某玩家 X 每次翻倍的概率是 56%.

a）玩家 X 能获胜的概率是多少？

b）玩家 X 在这场锦标赛中投资额的期望收益是多少？

习题 7.4 《哈林顿玩德州扑克》的第 1 卷中，哈林顿和罗伯特讨论了一个未知量 M，M 最早由保罗·马格里尔（Paul Magriel）研究。在一个 10 人参赛的比赛桌上，M 定义为你手中筹码总数除以盲注的总数加上每个回合的前注。（对于玩家总数低于一定数量的比赛，玩家数为 k，M 就为将上述的商数乘以 $k/10$。）假设在 10 人参赛的现金比赛中，你在大盲注的位置上，没有前注，每个回合每个玩家的固定盲注是 10/20，你现在的筹码是 200 美元，你每次不弃牌而能继续参与回合的概率是 $1/M$. 计算你一直弃牌而输掉所有筹码的概率。（注意到 M 取决于你的筹码数目，每个回合后筹码数目都会改变。）

习题7.5 对于一个简单随机游走，设 T = 第一次碰到零的事件. 计算 $n = 2$ 和 $n = 4$ 时的 $P(T > n)$，将计算出的结果与 7.6 节中的近似概率 $P(T > n) \approx 1/\sqrt{(\pi n/2)}$ 的结果相比较.

习题7.6 引用瑞克·本尼特（Rick Bennet）非常著名的论述："在长期的时间段里，扑克比赛中是没有运气的，但是短期这个时间段却比大多数人认为的短期时间来得长."请进行评论.

习题7.7 列举一个有关实数（不是随机变量）x_1，x_2，$\cdots$，的例子：当 $\lim\limits_{n \to +\infty} \sum\limits_{i=1}^{n} x_i = +\infty$ 时，$\lim\limits_{n \to \infty} \sum\limits_{i=1}^{n} \dfrac{x_i}{n} = 0$. 从大量独立随机变量的总和和平均值的角度，用一到两句话概括这个例子和大数定理的非数学式意思.

习题7.8 丹尼尔·内格里诺在高筹码扑克比赛中的前五季中总共输了 1700000 美元. 但是在这个比赛中，他是一个输家吗？或者说他只是运气太差，如果他长期连续参加比赛，那么他可能是一位长期的赢家，这个说法可信吗？为了研究这个问题，a）找出每个回合内格里诺的平均收益的 95% 置信区间，假设不同回合的结果是独立同分布的随机变量，他每季参与 250 回合，他每个回合盈利（或损失）的标准差是 30000 美元. b）如果内格里诺以相同的速度不断输钱，那么要使得每个回合内格里诺平均收益的 95% 置信区间都是负数，也就是说区间内不包含 0，还需要进行多少个回合？

习题7.9 假设 X 和 Y 是两个独立离散型随机变量. 证明：$E(Y \mid X)$ 是一个常数.

习题7.10 证明：如果 X 和 Y 是任意两个独立离散型随机变量，那么它们之间是不相关的，也就是说 $E(XY) = E(X)E(Y)$.

习题7.11 连续型随机变量 X 和 Y 的概率密度函数分别是 f 和 g，假设 $E(X)$ 和 $E(Y)$ 是有限的，证明：$E(X+Y) = E(X) + E(Y)$.

习题7.12 如果 X 和 Y 是任意两个独立离散型随机变量，f 是任意一个函数，证明：$E[f(X)g(Y)] = E[f(X)]E[g(Y)]$.

习题 7.13　如定理 7.6.8 中假设的一样，在单挑锦标赛中，共 n 个筹码，你手中的筹码是 k 个，$0 < k < n$. 不同回合的结果是独立同分布的. 在每个回合中，你从对手手中赢得 1 个筹码的概率是 p，对手从你手中赢得 1 个筹码的概率是 $q = 1 - p$，$0 < p < 1$，$p \neq 1/2$. 在理论上，这场锦标赛可以永远进行下去，你和对手的筹码赌本数量总是在 1，2，$\cdots$，$n-1$ 之间变动. 请计算这种理论情况能发生的概率，也就是你和对手都不能赢得所有筹码的概率.

习题 7.14　假设你参加一场单挑锦标赛，你有 2 个筹码，你的对手有 4 个筹码. 同样假设不同回合的结果是独立同分布的，在每个回合中，你能从对手手中赢得一个筹码的概率是 p，对手从你手中赢得一个筹码的概率是 q.

　　a）如果 $p = 0.52$，计算你能赢得这场锦标赛的概率.

　　b）p 为多少才能使得你赢得这场比赛的概率是 $1/2$？

　　c）如果 $p = 0.75$，你的对手的筹码是 10 个而不是 4 个，那么你能赢得这场锦标赛的概率是多少？如果对手的筹码是 1000 个呢？

习题 7.15　假设你重复不断参加锦标赛，每场锦标赛共 512 个参赛者. 假设在每场锦标赛的每个阶段，你手中的筹码要么多一倍要么输了所有的筹码，多一倍的概率是 p，输掉所有筹码的概率是 $1 - p$. 锦标赛各个阶段的结果是相互独立的. 如果你赢得一场锦标赛的概率是 5%，那么 p 是多少？

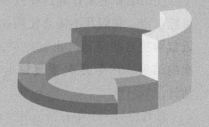

8 使用计算机进行模拟和近似

许多概率问题都非常难解，但是通过计算机模拟可以非常容易地得出近似结果．例如，试图计算一个策略与另一种相比的期望收益，或是计算特定成牌，例如 A♠K♥ 能赢过所有对手的随机成牌的概率，或是假设玩家在看牌之前就全押了赌注，那么计算一位玩家能组成葫芦或更好成牌但却输了这个回合的概率．

使用纸和笔来计算这些概率要花费数天或是数星期，而且在这过程中极有可能犯错．我们并不需要使用这种方法，而是可以通过计算机模拟简便快捷地近似解决这些问题．也就是说，利用计算机模拟洗牌，不断发牌，记录下每次的结果．在千万次重复试验后，就可以得到真实概率的一个非常近似的估计．

计算机另一个很有价值的方面就是它能够估计未知量，例如某个从标准正态分布中抽取的值小于某个特定值的概率．从 6.4 节和 6.5 节可以看出为什么这种类似的信息是有用的．一般地，概率论和统计学的课本往往包含了正态分布的百分数表以及很多的习题，让学生从这些复杂的表格中找出合适的数值来计算概率或是置信区间．然而，由于计算机的可利用性，学生可以直接用计算机来计算合适的概率而不需要使用这些复杂的表格．

这些称为 R 的统计编程语言都是免费的、公开的、使用简便的．我们可以从 http：//www/r-project. org 网站上下载和安装 R．利用 R 软件，我们可以计算一些概率，例如仅仅使用到 R 的 pnorm（1.53）指令就能得出一个标准正态分布随机变量的取值小于 1.53 的概率大约是 93.69916%．

例 8.1　在例 7.4.1 中，$Y \geqslant 2.6765$ 的概率是近似的，Y 是发出翻牌后仍继续玩牌的玩家数的平均数，在 400 个回合中，假设每个回合玩家的数量是独立同分布的，平均值是 2.64，标准差是 1.16．根据中心极限定理，很快就能解决问题，$Y \geqslant 2.6765$ 的概率就转化为 $P(Z \geqslant 1)$，Z 是一个标准正态分布随机变量．现在使用 R，近似计算 $P(Y \geqslant 2.8)$．

答案：使用 R 的 pnorm（2.759）指令，得出 $P(Y \geqslant 2.8) = P\{(Y - 2.64)/0.058 \geqslant (2.8 - 2.64)/0.058\} \approx P\{Z \geqslant (2.8 - 2.64)/0.058\} \approx P(Z \geqslant 2.759) = 1 - P(Z < 2.759) \approx 1 - 0.9971 = 0.29\%$．

R 可以很简便地模拟从一个均匀分布随机变量中的抽样过程．这种抽样值就称为**伪随机码**，它们是由计算机确定，因此并不是真正的随机变量．伪随机码缺乏可见模式或是违反了一致性，它们只能作为均匀分布随机变量的近似值．在 R 之中，我们使用指令 runif(1) 就能得到在区间 (0,1) 内均匀分布的伪随机码，例如，为了得到 100 个这样的变量，我们只需要输入 runif(100).

R 软件非常直观，我们可以通过自己或是 r-project. org 网站上的说明书来构建许多的函数. R 软件同样非常容易用来制图. 下面的一个例子阐述了基本的 R 函数、指令以及句法.

例 8.2 在顶点分别是 $(-1, 0)$，$(0, 1)$，$(1, 0)$，$(0, -1)$ 的方块中模拟 500 个随机分布的点.

答案：注意到这个方块可以用点集来表示：$\{(x, y) : |x| + |y| < 1\}$. 有很多种方法可以模拟出方块中的 500 个点. 其中一个方法就是 R 编码，使用一个循环来实现模拟. 以下的编码使得计算机能在顶点为 $(-1, -1)$，$(1, -1)$，$(1, 1)$，$(-1, 1)$ 的正方形内不断生成点，然后保留落在方块范围内的 500 个点.

首先，我们要生成 2000 行 2 列的矩阵 Z，包含所有 0. 这样的 Z 足够放进 2000 个点的坐标. j 表示在方块中模拟的点的数量，最初为 0. 编码的第三排表示了在 R 中一个循环是怎样开始的，1: 2000 表示从 1 到 2000 的整数列表. 这个循环随机生成了 2000 个在 -1 和 1 之间的 x 坐标和 y 坐标（因为如果 x 和 y 是均匀分布在区间 $(0, 1)$ 内的随机变量，那么 $2x - 1$ 和 $2y - 1$ 在区间 $(-1, 1)$ 内就是均匀分布的）. 第六排的编码是判断模拟的点是否在方块 $\{(x, y) : |x| + |y| < 1\}$ 中，如果在方块内，就将坐标保存在矩阵 Z 内. 语句中若有 # 符号，该符号后面的语句仅仅是一种注释.

```
z = matrix(0, ncol = 2, nrow = 2000)
j = 0
for(i in 1:2000){
    x = runif(1) * 2 - 1
    y = runif(1) * 2 - 1
    if(abs(x) + abs(y) < 1){
            z[j,] = c(x, y)
            j = j + 1
            }
    }
j # 核对 j > 500,这样至少会保存 500 个落在方块里的点
z2 = z[1:500,]
plot(c(-1, 0, 1, 0, -1), c(0, 1, 0, -1, 0), type = "n", xlab = "", ylab = "")#设置轴线
points(z2, pch = ". ")
```

最终结果的图表显示如图 8.1 所示.

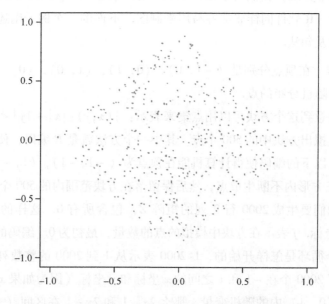

图 8.1　落在方块 $|x| + y < 1$ 范围内的 500 个模拟点

R 函数同样可以用来模拟扑克比赛回合并估计有关德州扑克的概率. 在网站 http://www. stat. ucla. edu/ ~ frederic/35b/rfunctions 上，tournament. s 命名的文件中就包含了 R 函数，讲师会使用这个函数来模拟扑克比赛的回合；studentexamples. s 命名的文件中包含了以前学生写出来的德州扑克操作函数的一些例子. 例如，操作函数 gravity 就是 2009 年夏季学生的一个获胜程序，在这个程序中，假设所有学生的筹码都必须全押或是弃牌.

操作函数 gravity 中，如果是一对 10 或是更高的对子，或是 AK、AQ、AJ，或是最少有一张 10 的同花连张，那么就全押. 如果玩家的筹码数小于大盲注的 2 倍，那么 gravity 执行全押操作. 其他情况，gravity 就弃牌. 这个函数的最后一个争论点就是任何 R 函数的输出结果是什么. 在 gravity 函数中，输出是 a1，也就是下注筹码：如果 gravity 弃牌，就是输出 0；如果 gravity 全押，那么就是玩家的所有筹码数.

gravity = function(numattable1 , crds1 , board1 , round1 , currentbet , mychips1 , pot1 ,

roundbets , blinds1 , chips1 , ind1 , dealer1 , tablesleft) {

一对 10 或是更高的对子,则全押

或是 AJ, AQ, AK, 或是最小有一张 10 的同花连张.

如果你的筹码数小于大盲注的 2 倍, 那么全押

任何牌

```
a1 = 0
if((crds1[1,1] == crds1[2,1]) && (crds1[1,1] > 9.5)) a1 = mychips1
if((crds1[1,1] > 13.5) && (crds1[2,1] > 10.5)) a1 = mychips1
if((crds1[1,1] - crds1[2,1] == 1) && (crds1[1,2] == crds1[2,2]) &&
   (crds1[2,1] > 9.5)) a1 = mychips1
if(mychips1 < 2 * blinds1) a1 = mychips1
a1
} ## gravity 结束
```

在 gravity 中, 函数的输入变量包括台面上玩家的数量 (一个整数)、你的两张底牌 (一个 2×2 矩阵, 第一列表示你的底牌的点数: 2, 3, 4, $\cdots$, 10, J = 11, Q = 12, K = 13, A = 14, 第一行的点数总是大于等于第二行的点数, 而第二列填入的就是 1~4 的整数, 表示的是牌的花色)、你的公共牌 (一个 2×5 矩阵, 第一列表示公共牌的点数, 第二列表示花色. 在公共牌没有发出之前, 这些数都为 0)、是哪一个下注圈 (整数, 1 = 前翻牌圈, 2 = 后翻牌圈, 3 = 转牌, 4 = 河牌)、目前的下注额 (整数)、你的筹码数 (整数)、底池现有的筹码 (整数)、先前下注的情况 (矢量)、大盲注 (整数)、每个人在台面上的筹码数 (矢量)、你在台面上所处的位置 (整数)、荷官所处的位置 (整数)、在锦标赛上还剩下的桌数 (整数). 网站 http://www.stat.ucla.edu/~frederic/35b/rfunctions 中命名为 studentexamples.s 的文件详细介绍了这些变量.

网站 http://www.stat.ucla.edu/~frederic/35b/rfunctions/studentexamples.s 上的另一个操作函数的例子称为 timemachine, 在这个函数中, 如果筹码总数小于大盲注的 3 倍, 那么有 75% 的概率全押. timemachine 近似 75% 概率的方法就是生成 0 与 1 之间的均匀随机变量 x 并估计 x 是否小于 0.75.

图 8.2 和图 8.3 显示了当学生函数之间进行一场锦标赛时, 利用网站 http://www.stat.ucla.edu/~frederic/35b/rfunctions/tournament.s 上的 R 函数所得到的结果的一个截图.

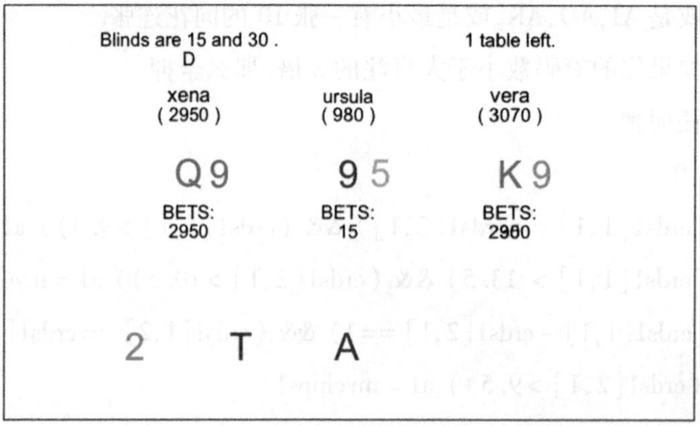

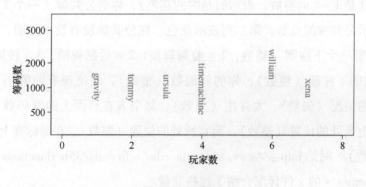

Blinds are 15 and 30 .
1 table left.
D
xena
(2950)
ursula
(980)
vera
(3070)
Q9
95
K9
BETS:
2950
BETS:
15
BETS:
2960
2 T A

图 8.2

图 8.2 一场锦标赛中剩余 3 位玩家之间所进行的一个回合的截图. “xena” 上面的“D” 表示了 xena 是这个回合的荷官，在圆括号内的数字表示在回合开始之前玩家的筹码数，在姓名下面的数字和字母是玩家的底牌，不同的颜色表示不同的花色，在底部的数字和字母表示翻牌（“T” 表示“10”）.

5000
2000
1000
500
筹码数
gravity
tommy
ursula
timemachine
william
xena
0
2
4
6
8
玩家数

图 8.3　玩家数

图 8.3 样本截图表示了学生函数之间的锦标赛中的筹码数. 注意：y 轴用对数刻度表示.

正如在这章开始时提到的那样，除了模拟锦标赛，*R* 函数也可以用来计算或是估计有关德州扑克的概率. 接下来的两个例子阐明了该用途. 例 8.3 显示了利用 *R* 函数来计算概率的例子，而在例 8.4 中，*R* 函数则用来估计一个很难计算的概率.

例 8.3　高筹码第二季有一个非常有趣的回合：科里 · 蔡德曼（Corey Zeidman）底牌是 9♥9♣，跟注 800 美元，多伊尔 · 布伦森（Q♠10♠）加注到

6200 美元，依利·艾莱萨（10♥10♦），丹尼尔·内格里诺（K♠J♠）和蔡德曼全都跟注。使用 R 函数计算 3 张翻牌发出后，艾莱萨现有的 5 张牌的牌型比其他三位对手大的概率。（注意：这是一个可以解决但也很难解决的问题。很多网站和程序都公布了在摊牌阶段玩家能战胜其他对手的概率，但能让用户自己计算在翻牌圈牌型最大的概率的网站或软件却是不存在的，即使存在也很难找到。）

答案：一副牌中已经发出 8 张牌给了 4 位玩家，那么翻牌的组合还剩下 $C_{44}^3 = 13244$ 种选择，发生可能性都相同。我们可以使用 R 函数来模拟翻牌圈的发牌，并判断艾莱萨的牌型在翻牌圈是否最大。从网站http://www.stat.ucla.edu/~frederic/35b/rfunctions/tournament.s 加载函数程序后，我们可以使用下面的编码来解决问题。前几行生成了 13244 次迭代的循环，也就是从一副牌中抽出 8 张后发出其他牌的程序。（根据 1 到 52 之间的函数 switch2 产生——对应的关系，一副牌中的 52 张牌，1 = 2♣，2 = 3♣，…，8 = 9♣，22 = 10♦，34 = 9♥，35 = 10♥，48 = 10♠，49 = J♠，50 = Q♠，51 = K♠）

```
n = 13244
result = rep(0,n)
a1 = c(8,22,34,35,48,49,50,51)
a2 = c(1:52)[-a1]
i = 0
for(i1 in 1:42){
  for(i2 in ((i1+1):43)){
    for(i3 in ((i2+1):44)){
      flop1 = c(a2[i1],a2[i2],a2[i3])
      flop2 = switch2(flop1)
      b1 = handeval(c(10,10,flop2 $ num),c(3,2,flop2 $ st))
      b2 = handeval(c(9,9,flop2 $ num),c(3,1,flop2 $ st))
      b3 = handeval(c(12,10,flop2 $ num),c(4,4,flop2 $ st))
      b4 = handeval(c(13,11,flop2 $ num),c(4,4,flop2 $ st))
      i = i+1
      if (b1 > max(b2,b3,b4)) result[i] = 1
}}}
```

sum(result > 0.5)

这个编码程序大概要运行 1~2 分钟, 循环 13244 次, 共产生 13244 种可能的翻牌结果, 在这些结果中, 艾莱萨的牌型最大的结果有 5785 种. 因此概率就是 5785/13244 ≈ 43.68%. 在真实的比赛中, 翻牌是 6♦ 9♦ 4♥. 蔡德曼全押了 41700 美元, 艾莱萨跟注. 转牌和河牌是 2♠ 和 2♦, 最终蔡德曼获胜了.

注意到例 8.3 的答案 5785/13244 是一个准确值, 而并不是一个近似值. 下面的例题则阐明了 R 函数也同样可以快速逼近复杂问题的答案. 当然, 这些类似的模拟类型都可以用来估计除扑克以外的其他问题的概率.

例 8.4 丹尼尔·内格里诺和他的对手的手牌都非常好, 但不幸的是, 他现在却一直处于不利的形势下. 例如, 对手是格斯·汉森的一个回合中, 内格里诺的底牌是 6♦6♥, 汉森的是 5♦5♣. 公共牌是 9♣6♦5♥5♠8♠. 而在另外一个回合中, 对手是埃里克·林格伦, 内格里诺的底牌是 10♥9♥, 林格伦的是 8♠8♣. 公共牌是 Q♣8♥J♦8♦A♥. 这种回合有时也称为**冷门**. 为了简便起见, 我们假设两位玩家在发牌之前就全押, 并将冷门定义为这样的一个回合: 两位玩家都有顺子或是更大的成牌. 那么请计算冷门的概率. 在 R 函数中模拟 100000 次来近似计算答案.

答案: 从网站 http://www.stat.ucla.edu/~frederic/35b/rfunctions/tournament.s 加载的编码可以用于这个问题的近似解答.

```
n = 100000
result = rep(0, n)
for(i in 1:n) {
    X1 = deal1 (2)
    b1 = handeval(c(x1 $ plnum1 [1,], x1 $ brdnum1), c(x1 $ plsuit1 [1,],
        x1 $ brdsuit1))
    b2 = handeval(c(x1 $ plnum1 [2,], x1 $ brdnum1), c(x1 $ plsuit1 [2,],
        x1 $ brdsuit1))
    if(min(b1, b2) > 4000000) result[i] = 1
}
sum(result > .5)
```

运行这个语句后, 模拟的 100000 次回合有 2505 次是冷门. (相同编程语句进行不同的运行得出的结果会有一点不同.) 因此, 估计的概率就是 2505/100000 =

2.505%. 根据中心极限定理, 冷门的真实概率的一个 95% 置信区间就是 2.505% $\pm \sqrt{(2.505\% \times 97.495\%)} / \sqrt{100000} \approx 2.505\% \pm 0.097\%$, 也就是 (2.408%, 2.602%).

 习 题

习题 8.1 制定一个在单位圆内均匀分布的 100 个点的图表. 制图的一个简单方法如下. 在 R 函数中, 首先生成一个所有数为 0 的 100×2 的矩阵, 该矩阵最终保存 100 个点. 然后生成一个循环: 生成均匀分布在 -1 和 1 之间的 x 坐标, 然后独立地生成均匀分布在 -1 和 1 之间的 y 坐标. 如果这个点在单位圆内, 那么将这个点的坐标保存在矩阵中. 不断重复这样的试验直到保存 100 个满足条件的点. 请给出最终的制图, 不需要给出 R 软件编码语句. 你并不需要在点周围画一个真正的圆, 只需要以图表形式画出圆圈内的点.

习题 8.2 写出一个 R 函数, 使得输入量是你的底牌和例 8.3 描述的其他变量, 最终确定是全押还是弃牌. 这个函数必须返回一个整数, 弃牌的话就是 0, 全押的话就是全押的筹码数量.

习题 8.3 写出一个 R 函数, 使得输入量是你的底牌和例 8.3 描述的其他变量, 返回一个表示下注筹码的整数, 0 表示弃牌.

习题 8.4 假设 4 位玩家在玩德州扑克, 在发牌之前玩家都选择全押. 如例 8.4 中一样, 将冷门定义为至少两位玩家有顺子或是更好的成牌的任意一个回合. 那么冷门的概率是多少? 用 R 函数进行 10000 次模拟来估计概率, 请找出这个概率的 95% 置信区间.

习题 8.5 回顾一下习题 7.8 的信息和假设, 在高筹码扑克比赛的前五季中, 丹尼尔·内格里诺共输了 1700000 美元, 在 1250 个回合中每个回合约输了 1360 美元. 如果玩家的长期平均值是每个回合 0 美元, 玩家的收益的标准差是每个回合 30000 美元, 那么根据中心极限定理, 玩家在 1250 个回合中的样本平均值小于等于 -1360 美元的概率是多少?

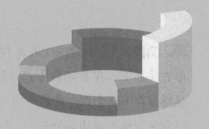

附录1

德州扑克的
缩写规则

1. 一副纸牌

德州扑克使用标准的一副 52 张纸牌. 每张纸牌都有一个**数**和一个**花色**. 花色有四种，分别为梅花（♣）、方块（♦）、红桃（♥）、黑桃（♠）. 数是 2、3、4、5、6、7、8、9、10、J、Q、K、A. 13 个数和 4 种花色的每个组合一一对应了纸牌中的一张牌. 例如 J♦

2. 盲注和底牌

一个按钮放在其中一位玩家之前. 按钮左边的一位玩家下注的一定筹码，称为小盲注；按钮左边的第二位玩家下注的筹码是大盲注，一般是小盲注的两倍. 有时，所有的玩家也需要在底池下注一定数量的前注. 这些筹码下注后，从一副牌中发给每个玩家两张牌，牌面朝下. 玩家可以看自己的两张牌，这两张牌称为**底牌**.

3. 一轮下注圈

阅读下面的第七项对下注圈的一个描述. 在最初一轮的下注中，小盲注看作是第一次下注，那么大盲注就看作是一次加注，所以叫注的第一位玩家就是大盲注左边的玩家. 因此，最初的现有投注是大盲注的数量.

4. 翻牌

荷官从一副牌中发出 3 张牌，牌面朝上放在桌面的中间. 这些牌就称为**翻牌**. 发出翻牌后，另一轮下注圈就开始了.

5. 转牌

荷官从一副牌中发出 1 张牌，牌面朝上放在桌面的中间. 这张牌就称为**转牌**. 发出转牌后，另一轮下注圈就开始了.

6. 河牌

荷官从一副牌中发出最后 1 张牌，牌面朝上放在桌面的中间. 这张牌就称为**河牌**. 发出河牌后，最后一轮下注圈就开始了.

7. 下注圈

每个下注圈总是从按钮左边的玩家开始，然后按顺时针方向进行. 下注圈最大的下注筹码称为**现有投注**；在第一次下注圈中，现有投注就是大盲注. 随后的一轮下注圈，现有投注最初是 0. 轮到某位玩家抉择时，玩家可以选择跟注现有投注（也就是为了在这个回合中继续留下来，必须至少下注这个最低数量的筹码），或是弃牌（丢弃底牌并放弃任何可能赢得底池的机会）. 如果现有投注是 0，那么玩家可能下注 0，称为**让牌**. 如果轮到下注的玩家是已经在下注圈叫注的玩家，并且其他玩家都已经弃牌或是跟注现有投注了，那么这个下注圈就结束了

（为了确定下注圈是否真的结束了，让牌就等同于下注 0 筹码；下注大盲注或小盲注并不被看成是叫注）. 如果只有一位玩家没有弃牌，那么该玩家就赢得了底池，这个回合就结束了.

8. 确定赢家

在最后一个下注圈还没有弃牌的玩家中，有最大牌型的玩家赢得底池. 玩家可以从 7 张牌中（5 张公共牌和 2 张底牌）任意选出 5 张来组成最好的牌型. 各种牌型的大小顺序在第 9 项列出来了. 在每个回合后，按钮要顺时针轮换给下一个玩家.

9. 牌型排序

五张牌的大小顺序按照最大到最小的排序如下：

同花顺（4♦5♦6♦7♦8♦）

4 条（J♣J♦J♥J♠3♣）

葫芦（5♣5♦5♠7♥7♣）

同花（A♥J♥10♥5♥2♥）

顺子（Q♦J♥10♠9♠8♣）

3 条（10♠10♣10♦K♣4♦）

两对（5♥5♦3♣3♥A♠）

一对（K♥K♦9♠7♣3♥）

高牌（A♠K♠Q♠J♠9♥）

还有其他的一些扑克规则，如最小赌注、全押赌注、平分底池以及任何加注的筹码数量必须要大于等于现有的筹码数量. 除此之外，大多数赌场都有一些关于礼节和行为的规定.

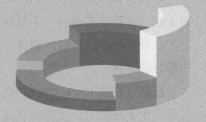

附录2   扑克术语参考词汇

全押（all in）：玩家全部筹码.

前注（ante）：每个回合开始前每位玩家的强制押注.

大盲注（big blind）：在发底牌之前，荷官左边两位的位置上的一个玩家必须下注的赌注；或指必须下大盲注的玩家. 大盲注的筹码一般是小盲注的两倍.

盲注（blind）：不看牌；或是发牌之前玩家必须下注的筹码.

诈牌（bluff）：在没有什么胜算的情况下押上很多筹码，虚张声势，从而使对手相信你确实是握有一手好牌，进而逼迫对方弃牌.

台面（board）：包括翻牌、转牌和河牌在内的5张公共牌；或是已经发出的一部分公共牌.

按钮（庄家）（button）：放在一位玩家前面的按钮，表示这个玩家是下注圈最后一个下注的人；或是指在这个位置上的玩家.

跟注（call）：跟随前面的玩家押上同等数量的注额.

让牌/过牌（check）：下注筹码为0.

公共牌（community cards）：包括翻牌、转牌和河牌在内的五张公共牌，和底牌一起用抽出五张牌来形成最好的牌型.

冷门（cooler）：两个或者更多玩家同时拥有非常好的牌型的情况.

按钮右边位置（cutoff）：荷官右边的位置；或是指在这个位置上的玩家.

荷官（dealer）：发牌的人. 一般而言，荷官是按钮位置上的玩家. 但是一些现代化桥牌室和赌场会在每桌上启用一个荷官，这个荷官并不参加比赛，仅仅只是洗牌，发牌，并在每个回合结束后将底池给赢家.

人头牌（face card）：任何花色的 K，Q 或 J.

翻牌（flop）：前三张公共牌.

同花（flush）：五张同样花色的纸牌.

同花听牌（flush draw）：还差一张同花色的牌就能组成同花. 例如，如果底牌是 Q♠10♥，翻牌是 7♠A♠3♠，那么这就是同花听牌.

Hand：德州扑克的一个比赛回合；或在比赛中，hand 指的是玩家的底牌或是指从底牌和公共牌抽出 5 张牌组成的最好的牌型.

单挑：（heads up）：只有两位玩家的对抗；一对一.

高口袋对子（high pocket pair）：10 一对，J 一对，Q 一对，K 一对或是 A 一对的口袋对子.

底牌（hole cards）：每个回合开始时发出的牌面朝下的两张牌.

Led out：下注.

平跟（limp）：下注和大盲注一样的注码.

盖牌（muck）：弃牌.

坚果牌（nuts）：当前牌面组合起来最大的可能牌型. 例如，如果台面上的牌是 K♠10♦9♦7♥，底牌是 Q♠J♥，那么你就有了坚果牌. 注意到，其他人的底牌如果是 Q♦J♦ 的话，他获胜的概率就比你大，尽管如此，认为底牌是 Q♠J♥ 的你仍然有一手坚果牌，是因为到目前为止，你有最好的可能牌型.

两端顺子听牌（open-ended straight draw）：还差两端中的一端才能组成完整的顺子；见顺子听牌.

对子（pair）：相同数字的两张牌.

玩公共牌（playing the board）：形成最好牌型的五张牌都是桌面上的五张公共牌，而不包括底牌.

一对 A 的口袋对子（pocket aces）：两张底牌都是 A.

口袋对子（pocket pair）：两张等值的底牌（例如 Q♣Q♥）.

下注（post）：下注（在强制下注的时候使用，如盲注或是前注时使用该词）.

加注（raise）：下注比现有注金更高的赌注.

抽水（rake）：从底池抽出一定比例的佣金给赌场.

再加注（re-raise）：下注比现有加注筹码更高的赌注.

河牌（River）：第五张也就是最后一张公共牌.

皇家同花顺（royal flush）：同花色的 A K Q J 10. 这是最强的同花顺，也是最大的牌型.

后门同花听牌（runner-runner flush draw）：还需要两张公共牌才能组成同花.

发牌两次（running it twice）：在现金比赛中，有时玩家会同意让荷官发两次剩下的公共牌（两次发牌之间不需要重新洗牌），每次发牌时的底池都是原底池的 1/2.

小盲注（small blind）：发出底牌之前，在荷官左边位置上的玩家必须下注的筹码；或者指的是必须下小盲注的玩家. 小盲注的数量是大盲注的一半.

平分底池（split pot）：底池在两位或是更多的玩家之间进行均分，这些玩家的最好牌型都是等价的.

顺子（straight）：五张牌连张，例如 3♥4♣5♠6♣7♣ 或 8♦9♥10♦J♣Q♠. 在德州扑克中，A 可以是高的数也可以是低的数，所以 A 2 3 4 5 和 10 J Q K A 都是顺子，但 J Q K A 2 和 Q K A 2 3 及 K A 2 3 4 都不算是顺子.

顺子听牌（straight draw）：还差一张牌就能组成顺子．例如，如果底牌是6♠5♦，翻牌是4♠7♥K♣，那么这就是顺子听牌．这个特殊的例子称为两端顺子听牌，因为能够组成顺子的牌的点数有两个，3或8．如果翻牌是4♠8♥K♣，只有一张7才能组成顺子．只有一张可能的点数才能组成顺子的情况称为顺子中间听牌型．

同花顺（straight-flush）：同样花色的五张连牌，如3♥4♥5♥6♥7♥．A♦2♦3♦4♦5♦和10♣J♣Q♣K♣A♣都是同花顺，而J♣Q♣K♣A♣2♣，Q♦K♦A♦2♦3♦和K♠A♠2♠3♠4♠是同花而不算是同花顺．

同花连张（suited connectors）：同花色、数字相邻的底牌，例如6♦7♦或Q♠J♠．

3-下注（three-bet）：再加注．

转牌（turn）：第四张公共牌．

牢不可破的坚果牌（unbreakable nuts）：不仅现在的牌是最大成牌，而且无论还没有发的公共牌是什么牌，现在的牌仍然是最大成牌．例如，如果你的底牌是7♦8♦，翻牌是4♦5♦6♦，那么这就是牢不可破的坚果牌．但是如果翻牌是5♦6♦9♦，那么就不是牢不可破的坚果牌，因为如果转牌和河牌是10♦和J♦，其他人是Q♦和K♦，那么你就输了．

枪口位置（underthe Gun）：一轮中最先叫注的玩家，也就是大盲注左边位置的玩家．

VPIP：玩家自发地将筹码放入底池的回合比例．因为盲注是强制加注筹码，所以VPIP不包括玩家只下注了大盲注这一轮的回合．

WSOP：世界扑克锦标赛．

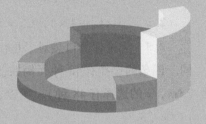

附录3 奇数项练习题的答案

1.1 3.98%，因为这些事件中有且仅有一个会发生，其他情况的概率总和为 96.02%.

1.3 只有一个事件会发生这个事实保证了 A_1，A_2，$\cdots$，A_n 是两两互斥的. 有且仅有一个事件发生意味着 $P(A_1 \cup \cdots \cup A_n) = 1$，所以根据公理 3，$P(A_1) + \cdots + P(A_n) = 1$. 这些事件发生的可能性相同，所以 $P(A_1) = P(A_2) = \cdots = P(A_n)$，所以 $nP(A_1) = 1$，所以 $P(A_1) = 1/n$.

2.3 $(3 \times C_4^2 + 4 \times 4)/C_{52}^2 = 34/1326 = 1/39 \approx 2.56\%$.

2.5 无论你的口袋对子是什么，翻牌的选择有 C_{50}^3 种，每种发生的可能性相同. 四条的选择有 48 种（例如，如果你的底牌是 7♣7♥，那么你的翻牌要是 7♦7♠x，x 的选择有 48 种）. 所以 P（发出翻牌后组成四条｜口袋对子）$= 48/C_{50}^3 \approx 1/408.33$.

2.7 同花有 4 种可能的花色，其中有一张一定要是 A，其他四张牌有 C_{12}^4 种选择. 所以 P（发出翻牌后得到 A 最大的同花）$= 4 \times C_{12}^4/C_{52}^5 = 1/1312.606$.

2.9 解决这道题时，要注意不要重复计算组合数，例如（4♣4♠9♥9♥Q♣）和（9♣9♥4♣4♠Q♣）. 两个对子的点值的选择是有 C_{13}^2 种. 对于任意这样的选择，比较大的对子的花色有 C_4^2 种选择，较小的对子的花色有 C_4^2 种选择. 对于每个上述的选择，第五张牌有 44 种选择. 所以，发出翻牌后组成两对的概率是 $C_{13}^2 \times C_4^2 \times C_4^2 \times 44/C_{52}^5 \approx 4.75\% \approx 1/21.035$.

2.11 设 $a =$ 除了 6 以外的任何一张牌，

$\qquad b =$ 除了 6，7 或 Q 以外的任何一张牌，

$\qquad c =$ 除了 6，7，8，9，10，J 或 Q 以外的任何一张牌，

$\qquad d =$ 除了 6，7，10，J 以外的任何一张牌，

P（高德获胜）$= P$（转牌和河牌是 66 或 77 或 10 10 或 JJ 或 6a 或 7b 或 10c 或 Jd）

$\qquad = (C_4^2 + C_2^2 + C_3^2 + C_4^2 + 4 \times 41 + 2 \times 37 + 3 \times 24 + 4 \times 32)/C_{45}^2$

$\qquad = 454/990 \approx 45.86\%$.

2.13 $(3 \times C_4^2)/C_{52}^2 = 18/1326 \approx 1.36\%$.

2.15 为了组成皇家同花顺，公共牌必须包括 Q♣、J♣ 和 10♣. 其他两张牌有 C_{47}^2 种选择. 所以组成皇家同花顺的概率是 $C_{47}^2/C_{50}^5 = 1/1960 \approx 0.051\%$.

2.17 P（K K K 或 J J J 或 A Q 10 或 Q 10 9 或 K K J 或 J J K）

$\qquad = (C_3^3 + C_3^3 + 4 \times 4 \times 4 + 4 \times 4 \times 4 + C_3^2 \times 3 + C_3^2 \times 3)/C_{50}^3$

$\qquad = 148/19600 \approx 1/132.43 \approx 0.67\%$.

2.19 甘福德能获胜的概率是 0；平分底池的情况当且仅当转牌和河牌都是

9，概率是 $1/C_{45}^2 = 1/990 \approx 0.101\%$.

3.1 a) $O_A = p/(1-p)$，所以 $(1-p)O_A = p$，所以 $O_A - pO_A = p$，所以 $O_A = pO_A + p = p(O_A + 1)$，因此，$p = O_A/(O_A + 1)$.

b) 使用 a) 部分的答案，得到 $p = (1/10)/(11/10) = 1/11$.

c) $5 = P(A^c)/P(A) = (1-p)/p$，所以 $5p = 1-p$，所以 $6p = 1$. 因此，$p = 1/6$.

3.3 P（两张牌都是梅花|两张牌都是黑色的）

$= P$（两张牌是梅花并且是黑色的）/P（两张牌是黑色的）

$= P$（两张牌都是梅花）/P（两张牌是黑色的）

  （因为如果牌是梅花，那么它们一定是黑色的）

$= (C_{13}^2/C_{52}^2) / (C_{26}^2/C_{52}^2)$

$= C_{13}^2/C_{26}^2$

$= 24.0\% \approx 1/4.17$.

3.5 $P(AB) = P($你的牌是 AA 并且是黑色的$)$

$= P(A\clubsuit\ A\spadesuit)$

$= 1/C_{52}^2$

$= 1/1326 \approx 0.0754\%$.

$P(A) = P(AA) = C_4^2/C_{52}^2 = 6/1326 \approx 0.452\%$.

$P(B) = P($两张牌是黑色的$) = C_{26}^2/C_{52}^2 = 25/102 \approx 24.51\%$.

所以 $P(A)P(B) = (6/1326) \times (25/102) = 150/135252 \approx 1/901.68 \approx 0.111\%$.
因此 $P(AB) \neq P(A)P(B)$.

3.9 设 B_1，B_2，B_3 分别表示底牌是 AA，KK，AK 的事件. 设 A 表示她做了告知的动作. 根据假设，$P(A|B_1) = P(A|B_2) = 100\%$，$P(A|B_3) = 50\%$. $P(B_1) = P(B_2) = C_4^2/C_{52}^2 = 1/221$，$P(B_3) = 4 \times 4/C_{52}^2 = 16/1326$. 根据贝叶斯定理，

$P(B_1|A) = P(A|B_1)P(B_1)/[P(A|B_1)P(B_1) + P(A|B_2)P(B_2) + P(A|B_3)P(B_3)]$

$= 100\% \times (1/221)/(100\% \times 1/221 + 100\% \times 1/221 + 50\% \times 16/1326)$

$= 30\%$.

4.3 a) 如果 A$\diamondsuit$J$\heartsuit$弃牌，那么 $P($K$\clubsuit$K$\spadesuit$获胜$) \approx 80.93\%$，$P($K$\clubsuit$K$\spadesuit$平局$) \approx 0.41\%$，所以在这个回合后筹码的期望数值 $\approx 200 \times 80.93\% + 100 \times 0.41\% + 0 \times 18.66\% = 162.27$ 美元.

b) 如果 A$\diamondsuit$J$\heartsuit$跟注，那么 $P($K$\clubsuit$K$\spadesuit$获胜$) \approx 57.97\%$，$P($K$\clubsuit$K$\spadesuit$平局$) \approx 0.30\%$，所以在这个回合后筹码的期望数值 $\approx 300 \times 57.97\% + 100 \times 0.30\% + 0 \times 41.73\% = 174.21$ 美元. 因此，如果跟注，那么筹码的期望数值更高.

4.5 a）一副牌里还剩下 9 张黑桃．如果转牌和河牌都是黑桃或是正好有一张黑桃，他就可以组成同花．转牌和河牌都是黑桃的组合有 C_9^2 种，包含一张黑桃的组合有 9×36 种．所以转牌和河牌至少有一张是黑桃的概率是 $(C_9^2 + 9 \times 36)/C_{45}^2 = 360/990 \approx 36.36\%$ ．

b）如果内格里诺组成同花，李仍然可以通过组成葫芦或是 4 条来获胜．李要获胜，转牌和河牌应该是 7♠ 和一张其他花色的 7，或是 7♠ 和 K♣，或是 K♠和 K♣，或是 K♠ 和 2，7，8 中的一张牌．计算这些组合，由此得到的概率是 $(1 \times 2 + 1 + 1 + 1 \times 9)/C_{45}^2 = 13/990 \approx 1.31\%$ ．

c）内格里诺组成顺子的情况是：转牌和河牌是不是黑桃的一张 9 和一张 10，概率就是 $(3 \times 3)/C_{45}^2 = 9/990 \approx 0.91\%$ ．

d）如果转牌和河牌都是 A，或是都是 J，或是一张 A 和 x ，x 表示任何非 K、非黑桃、非 A 的一张牌，那么他既没有组成顺子也没有组成同花但是仍然能获胜．所以概率是 $(C_3^2 + C_3^2 + 3 \times 32)/C_{45}^2 = 102/990 \approx 10.30\%$ ．

e）$360/990 - 13/990 + 9/990 + 102/990 = 458/990 \approx 46.26\%$ ．

f）$18000/(11000 + 11000 + 18000 + 18000) = 18000/58000 \approx 31.03\% < 46.26\%$ ，所以如果内格里诺的目标是最大化筹码数量，那么他跟注的选择就是正确的．

4.13 假设格林斯坦没有组成 4 条或葫芦，那么如果转牌或河牌包括红桃，5或 9，埃斯凡迪亚里就能获胜．假设格林斯坦组成了 4 条或葫芦，那么如果转牌和河牌是 9♥ 和 10♥，或是其中有一张 5♥，那么埃斯凡迪亚里就能获胜．这些能使得埃斯凡迪亚里获胜的组合列举如下：(a, b) ，(a, c) ，$(5n, d)$ ，$(9n, e)$ ，$(9♥, 10♥)$ ，$(5♥, f)$ ，其中 a 和 b 表示除 10♥ 以外的任何红桃牌；c 既不是红桃，10，6 或 4，也不是和 a 一样点数的牌；n 表示除了红桃外的任何花色；d 表示除了 10，6，4，5 外的非红桃牌；e 表示除了 10，6，4，5，9 以外的非红桃牌；f 表示 10，6，4，5．埃斯凡迪亚里只有组成顺子、同花、同花顺才有可能获胜．因此，如果他跟注了，那么埃斯凡迪亚里能获胜的概率就是 $(C_8^2 + 8 \times 27 + 3 \times 27 + 3 \times 24 + 1 + 1 \times 10)/C_{45}^2 = 408/990 \approx 41.21\%$ ．如果埃斯凡迪亚里跟注 181200 筹码，底池就是 $800 + 2500 \times 5 + 106000 \times 2 + 181200 \times 2 = 587700$ ．由于 $181200/587700 \approx 30.83\% < 41.21\%$ ，所以如果埃斯凡迪亚里的目标是最大化筹码的期望数量，那么他跟注的决定就是正确的．

4.15 a）$\phi_Y(t) = E(e^{tY})$

$$= E\{\exp[t(3X + 7)]\}$$

$$= E[\exp(3tX)\exp(7t)]$$
$$= \phi_X(3t)\exp(7t)$$

b) $\phi_Y(2) = \phi_X(6)\exp(14) = 0.001 \times \exp(14) \approx 1202.604$.

(5.1) $n = 100$ 个回合，假设 X 表示转牌和河牌是 $(10, 2)$ 并组成了葫芦的可能选择. 计算 $P(X \geqslant 2)$.

转牌和河牌是（10，2）的概率是 $4 \times 4 / C_{52}^2 = 16/1326$. 在你拿到（10，2）的前提下，你能组成葫芦的情况是：$aaabb$，$10\ 10\ aaa$，$10\ 10\ aab$，$2\ 2\ aaa$，$2\ 2\ aab$，$10\ 10\ 2aa$，$10\ 10\ 2ab$，$10\ 2\ 2aa$ 或 $10\ 2\ 2ab$，其中 a 和 b 表示除了 10 和 2 外的任何点数，$a \neq b$. 因此，在拿到（10，2）的情况下，你能组成葫芦的概率是 $(11 \times C_4^3 \times 10 \times C_4^2 + C_3^2 \times 11 \times C_4^3 + C_3^2 \times 11 \times C_4^2 \times 10 \times 4 + C_3^2 \times 11 \times C_4^3 + C_3^2 \times 11 \times C_4^2 \times 10 \times 4 + C_3^2 \times 3 \times 11 \times C_4^2 + C_3^2 \times 3 \times 11 \times 4 \times 10 \times 4 + C_3^2 \times 3 \times 11 \times C_4^2 + C_3^2 \times 3 \times 11 \times 4 \times 10 \times 4)/C_{50}^5 = 51612/2118760$. 因此，$P$（转牌和河牌是(10,2)并且能组成葫芦）$= P$（转牌和河牌是(10,2)）$\times P$（组成葫芦|转牌和河牌是(10,2)）$= (16/1326) \times (51612/2118760) = 825792/2809475760 \approx 0.029\% \approx 1/3402.159$.

5.3 $P(X = k \mid X > c) = P(X = k \cap X > c)/P(X > c) = P(X = k)/P(X > c) = q^k p / q^c = q^{k-c} p = f(k - c)$

5.5 设 $p = P(AA) = C_4^2/C_{52}^2 = 1/221$. 设 $q = 1 - p = 220/221$

$E(X) = 1/p = 221$

$Var(X) = q/p^2 = 220 \times 221 = 48620$，所以 $SD(X) = \sqrt{48620} \approx 220.50$.

设 $r = P$（高口袋对子）$= 5 \times C_4^2/C_{52}^2 = 5/221$. 设 $s = 1 - r = 216/221$.

$E(Y) = 1/r = 221/5 = 44.20$

$Var(Y) = s/r^2 = 216/5 \times 44.20 = 1909.44$，所以 $SD(Y) = \sqrt{1909.44} \approx 43.70$.

直到你拿到高口袋对子的等待时间的数学期望和标准差远远小于拿到 AA 的等待时间的数学期望和标准差.

5.7 使用矩量母函数进行计算，

$\phi_X(t) = E[\exp(tX)] = \sum \exp(tk)q^{k-1}p = p\exp(t)\sum[\exp(t)q]^k = p\exp(t)/[1 - q\exp(t)]$

$\phi'(t) = p\exp(t)/[1 - q\exp(t)] + pq\exp(2t)[1 - q\exp(t)]^{-2}$

$\phi''(t) = \phi'(t) + 2pq\exp(2t)[1 - q\exp(t)]^{-2} + 2pq^2\exp(3t)[1 - q\exp(t)]^{-3}$

所以 $E(X^2) = \phi''(0)$

$$= \phi'(0) + 2pq(1 - q)^{-2} + 2pq^2(1 - q)^{-3}$$

$$= 1/p + 2pq(1-q)^{-2} + 2pq^2(1-q)^{-3}$$
$$= 1/p + 2q/p + 2q^2/p^2$$

因此，$Var(X) = E(X^2) - [E(X)]^2$

$$= 1/p + 2q/p + 2q^2/p^2 - 1/p^2$$
$$= p^{-2}(p + 2pq + 2q^2 - 1)$$
$$= p^{-2}[p + 2p(1-p) + 2(1-p)^2 - 1]$$
$$= p^{-2}(p + 2p - 2p^2 + 2 - 4p + 2q^2 - 1)$$
$$= p^{-2}(1-p)$$
$$= q/p^2$$

6.3 设 $Y = F(X)$，$d = F^{-1}(c) = \inf\{z : F(z) \geq c\}$，$c \in (0,1)$.

$P\{Y \leq c\} = P\{F(X) \leq c\} = P\{X \leq F^{-1}(c)\} = P\{X \leq d\} = F(d) = c$.

6.5 $P(X > 50000)/P(X > 25000) = (1/2)^b = 1/8$，所以 $b = 3$，$P(X > 100000) = (1/8) \times 10\% = 1.25\%$.

6.7 指数分布. $a = 1$，$P(Y > c) = P(\log X > c) = P\{X > \exp(c)\} = (a/\exp(c))^b = \exp(-bc)$. Y 服从指数分布，参数 $\lambda = b$.

6.9 设 $F(c)$ 是 Z 的累积分布函数. 对于 $0 < c < 1$，$F(c) = P(Z \leq c) = P(XY \leq c) = P(X \leq c \cap Y = 1) + P(X \leq c \cap Y = 2) = P(X \leq c)P(Y = 1) + P(X \leq c/2)P(Y = 2)$（因为 X 和 Y 是相互独立的）$= c \times (1/3) + (c/2) \times 2/3 = c/3 + c/3 = 2c/3$. 因此 $f(c) = F'(c) = 2/3$.

对于 $1 < c < 2$，$F(c) = P(X \leq c \cap Y = 1) + P(X \leq c \cap Y = 2) = P(X \leq c)P(Y = 1) + P(X \leq c/2)P(Y = 2) = 1 \times 1/3 + c/3 = (c+1)/3$，所以 $f(c) = F'(c) = 1/3$.

$$E(Z) = \int_0^1 c(2/3)\,\mathrm{d}c + \int_1^2 c(1/3)\,\mathrm{d}c = 1/3 + 1/2 = 5/6 .$$

$$E(Z^2) = \int_0^1 c^2(2/3)\,\mathrm{d}c + \int_1^2 c^2(1/3)\,\mathrm{d}c = 2/9 + 7/9 = 1 .$$

所以，$Var(Z) = E(Z^2) - [E(Z)]^2 = 1 - 25/36 = 11/36$，所以 $SD(Z) = \sqrt{(11/36)} \approx 0.5528$.

6.15 a) $b_1^* = c/[(c+1)(c+4)]$，$b_2^* = (c^2 + 4c + 2)/[(c+1)(c+4)]$，$a^* = c(c+3)/[(c+1)(c+4)]$.

b) 假设底池的前注并不计算在玩家 B 的收益之中. 也就是说，如果玩家 B 下注，玩家 A 弃牌，那么玩家 B 的收益就是 2. （否则，如果为了确定玩家 B 的收益而减去前注，那么下面的收益函数要减去 1.）一些情况列举如下：

如果 $b \in (0, b_1^*)$，$a \in (0, b_2^*)$，那么玩家 B 的收益就是 2.

如果 $b \in (0, b_1^*)$，$a \in (a^*, 1)$，那么玩家 B 的收益就是 $-c$.

如果 $b \in (b_1^*, a^*)$，$a \in (0, b_1^*)$，那么玩家 B 的收益就是 2.

如果 $b \in (b_1^*, a^*)$，$a \in (b_1^*, a^*)$，那么 1/2 的时间玩家 B 可以赢得 2，1/2 的时间玩家 B 可以赢得 0，所以玩家 B 的平均收益就是 1.

如果 $b \in (a^*, b_2^*)$，$a \in (b_2^*, 1)$，那么玩家 B 的收益就是 0.

如果 $b \in (b_2^*, 1)$，$a \in (0, a^*)$，那么玩家 B 的收益就是 2.

如果 $b \in (b_2^*, 1)$，$a \in (a^*, b_2^*)$，那么玩家 B 的收益就是 $2 + c$.

如果 $b \in (b_2^*, 1)$，$a \in (b_2^*, 1)$，那么 1/2 的时间玩家 B 可以赢得 $2 + c$，1/2 的时间玩家 B 可以赢得 $-c$，所以玩家 B 的平均收益就是 1.

由此，玩家 B 的平均收益就是

$b_1^* a^* (2) + b_1^* (1 - a^*)(-c) + (a^* - b_1^*)(b_1^*)(2) + (a^* - b_1^*)^2 (1) + 0 + (b_2^* - a^*)(a^*)(2) + (b_2^* - a^*)^2 (1) + 0 + (1 - b_2^*)(a^*)(2) + (1 - b_2^*)(b_2^* - a^*)(2 + c) + (1 - b_2^*)^2 (1)$，现在把 $*$ 符号去掉开始计算，

$= 2ab_1 - b_1 c + ab_1 c + 2ab_1 - 2b_1^2 + a^2 + b_1^2 - 2ab_1 + 2ab_2 - 2a^2 + b_2^2 + a^2 - 2ab_2$
$\quad + 2a - 2ab_2 + 2b_2 - 2b_2^2 + cb_2 - cb_2^2 - 2a + 2ab_2 - ac + acb_2 + 1 + b_2^2 - 2b_2$

$= 2ab_1 - b_1 c + ab_1 c - b_1^2 + cb_2 - cb_2^2 - ac + acb_2 + 1$

$= \big[(2c^3 + 6c^2) - c^2 + (c^4 + 3c^3) - c^2 + (c^3 + 4c^2 + 2c) - (c^5 + 8c^4 + 20c^3 + 16c^2 + 4c) - (c^3 + 3c^2) + (c^5 + 7c^4 + 14c^3 + 6c^2) + (c^2 + 5c + 4) \big] / \big[(c+1)(c+4) \big]$

$= c / \big[(c+1)(c+4) \big] + 1.$

c）求关于 c 的导数，并设导数为 0，得出

$(c+1)^{-1}(c+4)^{-1} - c(c+1)^{-2}(c+4)^{-1} - c(c+1)^{-1}(c+4)^{-2} = 0$，两边乘以 $(c+1)^2 (c+4)^2$，得

$(c+1)(c+4) - c(c+4) - c(c+1) = 0,$

$c^2 + 5c + 4 - c^2 - 4c - c^2 - c = 0,$

$-c^2 + 4 = 0$

所以 $c = 2$.

7.3 a）$P(\text{获胜}) = P(8 \text{ 次筹码翻倍}) = (56\%)^8 \approx 0.967\% \approx 1/103.4.$

b）每场锦标赛的平均收益就是 $(255000)(56\%)^8 + (-1000[1 - (56\%)^8] \approx 1475.52.$

7.7 存在很多种可能的答案. 其中一个是 $x_i = \sqrt{i} - \sqrt{(i-1)}, i = 1, 2, \cdots$

因此，$\sum_{i=1}^{n} x_i = x_1 + x_2 + \cdots + x_n = (\sqrt{1} - \sqrt{0}) + (\sqrt{2} - \sqrt{1}) + \cdots + (\sqrt{n} - \sqrt{n-1}) = \sqrt{n} \to +\infty$，$\sum_{i=1}^{n} x_i/n = \sqrt{n}/n = 1/\sqrt{n} \to 0$. 尽管大数定理表明平均值为 0 的独立观测值的平均值会慢慢趋于 0，但其总和不仅没有趋于 0，而且还发散到无穷大.

7.9 X 和 Y 是相互独立的，$P(Y=k \mid X=j) = P(Y=k)$，j 和 k 为任何值. 因此，对于 j 的每个值，

$$E(Y \mid X=j) = \sum_k kP(Y=k \mid X=j)$$
$$= \sum_k kP(Y=k)$$
$$= E(Y)$$

7.13 根据定理 7.6.7，你获胜的概率是 $(1-r^k)/(1-r^n) = (1-q^k/p^k)/(1-q^n/p^n)$. 同样将定理 7.6.7 应用于对手的概率计算中，你的对手有 $n-k$ 个筹码，每个回合赢得一个筹码的概率是 $q=1-p$，所以你的对手获胜的概率是 $(1-p^{n-k}/q^{n-k})/(1-p^n/q^n)$. 因此，这两个概率的总和就是 $(1-q^k/p^k)/(1-q^n/p^n) + (1-p^{n-k}/q^{n-k})/(1-p^n/q^n)$，将第一项的分子和分母乘以 p^n，第二项的分子和分母乘以 $-q^n$，两个概率的合计 $= (p^n - p^{n-k}q^k)/(p^n - q^n) + (p^{n-k}q^k - q^n)/(p^n - q^n) = (p^n - p^{n-k}q^k + p^{n-k}q^k - q^n)/(p^n - q^n) = (p^n - q^n)/(p^n - q^n) = 1$.

由于你或你的对手赢得锦标赛的概率是 1，所以两人都没有获胜的概率就是 0.

7.15 $2^9 = 512$，所以你需要进行 9 次翻倍才能赢得锦标赛. 因此，$p^9 = 5\%$，所以

$$\log p = \log(5\%)/9,\ p = \exp[\log(5\%)/9] \approx 71.69\%.$$

参考书目与推荐阅读

Bayes, T. and Price, R. 1763. An essay towards solving a problem in the doctrine of chance. By the late Mr. Bayes, communicated by Mr. Price, in a letter to John Canton, M.A. and F.R.S. *Philosophical Transactions of the Royal Society of London* 53: 370–418.

Bertsekas, D. and Tsitsiklas, J. 2008. *Introduction to Probability*, 2nd ed. Athena Scientific, Nashua, NH.

Billingsley, P. 1990. *Probability and Measure*, 2nd ed. Wiley, New York.

Blackwell, D. and Girshick, M.A. 1954. *Theory of Games and Statistical Decisions*. Dover, New York.

Borel, É. 1938. *Traité du Calcul des Probabilités et ses Applications*, Fasc. 2, Vol. 4, *Applications aux jeux des hazard*, Gautier-Villars, Paris.

Breiman, L. 1961. Optimal gambling systems for favorable games. *Fourth Berkeley Symposium on Mathematical Statistics and Probability* 1: 65–78.

Brunson, D. and Addington, C. 2002. *Doyle Brunson's Super System: A Course in Power Poker*, 3rd ed. Cardoza, New York.

Brunson, D. and Addington, C. 2005. *Doyle Brunson's Super System 2: A Course in Power Poker*. Cardoza, New York.

Caro, M. 2003. *Caro's Book of Poker Tells*. Cardoza, New York.

Chen, W. and Ankenman, J. 2006. *The Mathematics of Poker*. ConJelCo, Pittsburgh.

Chung, K.L. 1974. *A Course in Probability Theory*, 2nd ed. Academic Press, New York.

Chung, K.L. and Aitsahlia, F. 2003. *Elementary Probability Theory with Stochastic Processes and an Introduction to Mathematical Finance*, 4th ed. Springer, New York.

Dedonno, M.A. and Detterman, D.K. 2008. Poker is a skill. *Gaming Law Rev.* 12: 31–36.

Durrett, R. 2010. *Probability: Theory and Examples*, 4th ed. Cambridge University Press.

Feller, W. 1967. *Introduction to Probability Theory and Its Applications*, 3rd ed., Vol. 1, Wiley, New York.

Feller, W. 1966. *Introduction to Probability Theory and Its Applications*, 3rd ed., Vol. 2, Wiley, New York.

Ferguson, C. and Ferguson, T. 2003. On the Borel and von Neumann poker models. *Game Theory Appl.* 9: 17–32.

Ferguson, C. and Ferguson, T. 2007. The endgame in poker. In *Optimal Play: Mathematical Studies of Games and Gambling*. Institute for Study of Gambling and Commercial Gaming, Reno, pp. 79–106.

Ferguson, C., Ferguson, T., and Gawargy, C. 2007. Uniform (0,1) two-person poker models. *Game Theory Appl.* 12: 17–37.

Goldberg, S. 1986. *Probability: An Introduction*. Dover, New York.

Gordon, P. 2006. *Phil Gordon's Little Blue Book: More Lessons and Hand Analysis in No Limit Texas Hold'em*. Simon & Schuster, New York.

Grinstead, C.M. and Snell, J.L. 1997. *Introduction to Probability*, 2nd rev. ed. American Mathematical Society, Providence, RI.

Harrington, D. and Robertie, B. 2004. *Harrington on Hold'em: Expert Strategy for No Limit Tournaments*. Vol. 1: *Strategic Play*. Two Plus Two Publishing, Henderson, NV.

Harrington, D. and Robertie, B. 2005. *Harrington on Hold'em: Expert Strategy for No Limit Tournaments*. Vol. 2: *The Endgame*. Two Plus Two Publishing, Henderson, NV.

Harrington, D. and Robertie, B. 2006. *Harrington on Hold'em: Expert Strategy for No Limit Tournaments*. Vol. 3: *The Workbook*. Two Plus Two Publishing, Henderson, NV.

Hellmuth, P. 2003. *Play Poker Like the Pros*. HarperCollins, New York.

Karr, A.F. 1993. *Probability*. Springer, New York.

Kelly, J. L., Jr. 1956. A new interpretation of information rate. *Bell System Tech. J.* 35: 917–926.

Kim, M.S. 2005. *Gambler's Ruin in Many Dimensions and Optimal Strategy in Repeated Multi-Player Games with Application to Poker*. Master's Thesis, University of California, Los Angeles, pp. 1–32.

Malmuth, M. 2004. *Poker Essays*, Vol. 3. Two Plus Two Publishing, Henderson, NV.

Pitman, J. 1993. *Probability*. Springer, New York.

Ross, S. 2009. *A First Course in Probability*. 8th ed. Prentice Hall, New York.

Sklansky, D. 1989. *Theory of Poker*, 3rd ed. Two Plus Two Publishing, Henderson, NV.

Sklansky, D. and Miller, E. 2006. *No Limit Hold'em: Theory and Practice*. Two Plus Two Publishing, Henderson, NV.

Thorp, E.O. 1966. *Beat the Dealer: A Winning Strategy for the Game of Twenty-One*, 2nd ed. Blaisdell, New York.

Thorp, E.O. and Kassouf, S.T. 1967. *Beat the Market: A Scientific Stock Market System*. Random House, New York.

Varadhan, S.R.S. 2001. *Probability Theory*. Courant Lecture Notes in Mathematics, Vol. 7. American Mathematical Society, Providence, RI.

von Neumann, J. and Morgenstern, O. (1944). *Theory of Games and Economic Behavior*. Princeton University Press, Princeton, NJ.